产品族设计 DNA

Product Family Design DNA

罗仕鉴　李文杰　著

中国建筑工业出版社

图书在版编目（CIP）数据

产品族设计 DNA / 罗仕鉴，李文杰著 . —北京：中国建筑工业出版社，2016.9
ISBN 978-7-112-19578-7

Ⅰ . ①产… Ⅱ . ①罗… ②李 Ⅲ . ①工业产品—产品设计 Ⅳ . ① TB472

中国版本图书馆 CIP 数据核字（2016）第 154385 号

产品族设计DNA的研究方法，就是将生物界DNA的相似性、继承性和变异性原理引入到产品内在的遗传和变异特质中，研究产品族DNA的变化规律和特征，辅助企业进行产品创新。

本书从工业设计角度出发，系统地介绍了近年来国内外产品族设计DNA的最新发展，尤其是作者们长期的研究成果，力图将产品族设计DNA的理论、方法与设计实践结合起来，为国内产品族设计的发展提供思路和参考。全书内容分为七章，分别介绍了产品创新与产品族设计DNA、产品族设计DNA构成及体系、设计符号学与产品族设计DNA、感性意象驱动的产品族设计DNA、用户知识与设计知识、产品族设计DNA与品牌风格以及软件界面设计DNA等。

本书适用于研究工业设计、产品设计、艺术设计、CAD等学科的工作者，包括研究人员、教师、研究生、大学本科高年级学生等作为教材或参考书，也可以作为广大从事产品设计研究、管理、销售的科技人员的工具参考书。

责任编辑：焦　斐
责任校对：刘梦然　张　颖

产品族设计DNA
Product Family Design DNA
罗仕鉴　李文杰　著
＊
中国建筑工业出版社出版、发行（北京西郊百万庄）
各地新华书店、建筑书店经销
北京京点图文设计有限公司制版
北京中科印刷有限公司印刷
＊
开本：787×960 毫米　1/16　印张：16¼　字数：267 千字
2016 年 10 月第一版　2016 年 10 月第一次印刷
定价：**58.00** 元
ISBN 978-7-112-19578-7
（29097）

前　言

　　中国已经成为全球的制造基地。目前，"中国制造"正努力走向"中国创造"和"中国设计"，快速的产品创新与品牌塑造将成为中国企业下一步的关注焦点。

　　基于通用平台的产品族设计是当前的一个研究热点。随着行业集约化程度的提高，产品的同质化现象日趋严重，如何通过创新设计赋予产品族独特的造型与风格意象，塑造差异化品牌，是产品开发下一步的重点。在著名企业，产品族的风格总是在不断创新中保持一定的继承性，如奔驰、宝马、沃尔沃、苹果、IBM、飞利浦、索尼等，无论旗下的产品族经过多少次更新换代，人们总能将它们从众多品牌的产品中识别出来。然而，体现品牌风格的产品族设计一般都是设计师凭借自身的经验与创意，将设计意图反映到新设计当中，充满了一定的模糊性与不确定性，难以形成一套理性的可持续设计方法，这一矛盾特别尖锐地反映在现代工业设计中。

　　在产品族设计中，每代产品的开发设计也是一个反复继承、变异创新的过程，所有新产品与以前的产品既具有一定的联系，但又不完全一样。对于典型产品，其所属部件或零件具有稳定的结构，如果将某些零件特性进行复制、转移、删除等操作，必有功能或结构上的改变（变异），其综合性能得到优化（进化）或者报废（淘汰）。产品族设计DNA的研究方法，就是将DNA相似性和继承性的概念引入产品内在的遗传和变异特质中，研究产品族DNA的变化规律和特征，辅助企业进行产品研发。产品族设计DNA是可遗传的具有一定通用性和相似性水平的产品族造型基本构成信息，可以在产品族设计过程中继承和传递产品族造型知识，能够为同一企业生产的不同产品赋予相似的造型特征，使产品在品牌上具有共有的"家族化"识别性。

借用生物界基因遗传与变异理论，本书将 DNA 的相似性、继承性和变异性原理引入产品族设计中，研究产品族风格意象、产品族设计 DNA 的提取与表达、产品族设计 DNA 与风格意象之间的映射、面向风格意象的产品族设计 DNA 建模与设计，以及设计实践与经典案例，塑造独特的品牌形象。它们能够实现面向不同需求的系列化或者更大变形能力的产品，这是企业保持品牌识别的难点和关键，也是进行知识管理与设计创新的基础和源泉。

在产业界，国外很多企业都很重视产品族的设计 DNA，例如奔驰汽车、宝马汽车、通用汽车、福特汽车、沃尔沃汽车、大众汽车、丹麦 B&O 公司、诺基亚、摩托罗拉、索尼电子和意大利 Alessi 等。韩国三星还设立了产品 DNA 研究小组，针对企业文化和产品品牌开展产品的 DNA 研究与设计。在国内，海尔、联想、长虹等大型企业也非常重视企业产品设计的 DNA，注重品牌文化特质，让设计成为提高产品竞争力的重要因素。长虹还聘请了曾一手打造过三星工业设计体系的美国工业设计大师高登·布鲁斯来当设计顾问，疏理长虹的设计 DNA。随着互联网技术和社会生活、工作形态的发展变化，软件设计 DNA 的概念和需求也变得日益强大，阿里、腾讯、百度、网易等著名企业，也在研究软件设计 DNA，以保持品牌的一致性与识别性。

在国家自然科学基金项目"面向风格意象的产品族外形基因建模与设计"（编号51175458）和"产品外形设计中的用户隐性知识表示结构与建模方法研究"（编号60503068）、国家 863 项目"基于产品族 DNA 学习与推理的造型设计快速生成技术研究"（编号 2006AA04Z103）、浙江省自然科学基金项目"基于内隐性知识的产品概念设计方法与技术研究"（编号 Y104256）和"基于基因遗传变异理论的产品识别设计方法与技术研究"（编号 Y1080457）的资助下，我们一直从事产品创新设计领域的基础应用研究、设计与产业化实践探索，积累了一定的经验。

　　本书由罗仕鉴和李文杰撰写，希望从方法学层面上为产品创新设计提供新的理论和方法，在理论研究上作出一定的贡献；对产品开发和品牌构建提供指导，为中国企业从"卖产品"向"做品牌"过渡提供一定的参考；能够对设计教育，以及创新设计和知识工程的发展作出一定的贡献。

　　由于作者们知识水平有限、时间仓促，书中难免有错误及不妥之处，热忱欢迎专家、学者批评指正。

罗仕鉴

2016 年 5 月于求是园

目 录

前　言

第 1 章
绪论

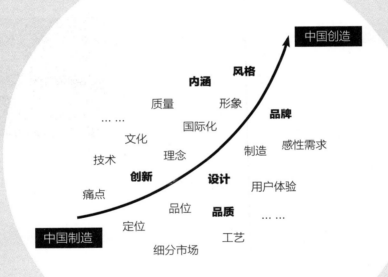

中国正成为全球的制造基地，但"中国制造"不应该是"仿造"的代名词。中国正努力从"中国制造"走向"中国创造"，产品创新和品牌塑造将成为中国企业下一步的关注焦点。

　　随着技术的同质化，产品不再只满足于功能性的要求，如何赋予产品特殊的形态与风格意象以塑造独特的品牌形象，已经成为产品创新设计及产品开发的重要工作之一。

　　工业设计不是外观设计，它蕴涵了更多包括文化、品牌在内的内在因素。在产品创新设计中，一个重要的手段就是采用面向产品族（Product Family，PF）的设计方法，实现面向不同需求的系列化或者具有更大变形能力的产品设计，既保持产品设计风格的延续性，又具有创新性。同时，建立产品族有助于提升品牌形象，提高品牌的国际竞争力。

1.1 产品创新的背景

产品创新发生在一定社会背景下，具有一定的时代特性。一般来说，产品创新被以下几个需求所驱动，包括社会、技术、用户和设计等。

1.1.1 社会需求

需求，即需要，是对某人或某种事物的欲望。

人的需求主要取决于其客观存在，比如我们所处的年代、所拥有的教育背景和历史经验等。人类的需求引发了人类的历史活动。人类创造历史的前提是能够生活，而生活又必须首先满足衣食住行等基本的物质需求❶。可以说，人的需求是推动生产力发展、产生创造行为的原始动因。

人的需求分为个体需求和社会需求。社会需求，便是指以社会为一个整体提出的需求，而不是个体单独的需求。社会发展的进程中，会产生各种不同的需求，其中包括当下的需求和未来发展的需求。如人类社会初期，人们为了满足食物获取、房屋搭建、防御野兽等需求，发明创造了石斧，从而进入全新的石器时代。指南针、造纸术、火药以及印刷术——中国古代著名的四大发明都是社会需求的产物。

今天，社会需求变得更加开放和多元化，社会需求拉动产品创新设计飞速发展。社会需求和个人需求一样，分为物质需求和精神需求，不同层面的需求催生出更加多样化的产品创新设计。

1）物质需求

物质需求是满足人类生活最基本的需求，如衣、食、住、行等满足物质生活所需的硬件设施和硬环境的需求。物质需求是一个社会生存和发展的前提。

社会需求中的物质需求具有差异性及普遍两个特征。物质需求的差异性体现在，不同时期的社会，同一时期不同区域的社会，不同社会性质的社会，人们的物质需求会有所不同，因此创新设计出来的产品也会不尽相同。但人们最基本的物质需求又是相同的，例如对于食物和衣着的需求，如果仅以追求温饱为目的，那么以此作为创新设计动因而催生的产品则是普遍适用的（图1-1）。

图1-1
人们的衣食住行

2）精神需求

人们在社会生存的过程当中，会受到社会环境和条件的影响。在社会安全、社会秩序、社会生活等各方面都会产生强烈的精神需求，如社交、安全、荣誉等方面的需求（图1-2）。

图1-2
越来越丰富的精神生活

由于受到客观个体自身及当前社会环境的影响，人们的精神需求通常表现出多层次化的特点，具有明显的差异性。从现有的研究来看，人们当前阶段的精神需求主要呈现出精神满足、精神消费以及精神愉悦三个层次（图1-3）。

（1）精神满足层次：基本精神需求的满足。人们作为社会成员、家庭成员以及个体角色，都有着各种身份不同的精神需求，例如：爱情、亲情、友情、归宿感、荣誉感等。

（2）精神消费层次：这是在精神满足层次的基础上通过花费一定的财力、物力实现的精神完善。例如人们通过上网、旅游、看书、听音乐等方式获得知识、充实情感。

（3）精神愉悦层次：是人们对于自我追求、自我实现及超越等方面的精神需求。

物质需求是基础，而精神需求是导向。精神需求是最能刺激并且能不断刺激产品创新设计的根源力量。

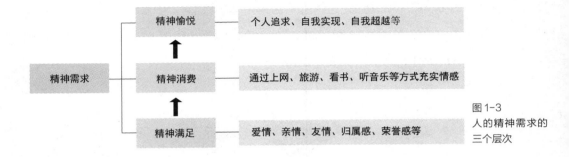

图1-3
人的精神需求的三个层次

1.1.2 技术驱动

技术驱动是指技术的不断创新与发展对产品创新设计所起到的推动作用。当科学研究有了新的发现或者科学技术有了创新，便可以以新的方式指导新产品的开发、设计与制造，并投入市场。

图1-4
科技飞速进步（如大数据、全息投影时装秀、智能穿戴等）

在发明创造的历程中，有很多技术驱动创新的例子。从公元前600年左右，古希腊人泰勒斯发现了电，到18世纪法拉第发明世界上第一台可以产生连续电流的发电机以后，人类便进入了电器应用的全新时代，其中最伟大的创新便是白炽灯的发明和广泛应用。如今，苹果、华为的产品通过一代代的技术革新占据着一定的电子产品市场；谷歌、百度等互联网公司通过技术与产品创新为网民提供各种便捷的产品与服务等。

技术驱动的创新与需求拉动的创新最本质的区别在于主动创新还是被动创新。需求拉动的创新来源于人们不断变更的需求，但这种需求往往局限于当下。即使有少部分人能够认识到未来的需求趋势，但寻求通过市场需求来带动趋势成为现实仍需要很长的一段时间。此时，主动的技术驱动创新便显得尤为重要，利用新技术主动地进行产品的创新设计，并积极引导人们对这种创新产品的需求，创造出一种新的需求，形成新的市场。比如，过去几年，苹果一直是引导整个行业的技术创新者。第一代 iPhone 的多点触摸、iOS 系统，第四代 iPhone 在业界第一次用上了 BSI 摄像头，再后来，苹果自己开发 ARM 处理器架构，并第一次运用到 iPhone5s 的机器上，苹果公司通过技术创新成功地奠定了自身产品科技、时尚以及良好品质的品牌形象（图1-5）。

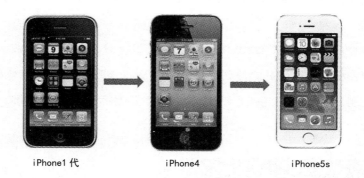

图 1-5
苹果产品迭代

iPhone1 代　　　　　iPhone4　　　　　iPhone5s

根据产品创新设计的特点，技术驱动的创新可以分为四种：信息化、数字化、智能化和智慧化。

1）信息化

产品创新设计的信息化指的是发展信息产业并将信息技术应用于产品创新设计。

在信息化时代，信息的获取能激发设计师的灵感和创造力，是产出创新设计的重要因素。大数据、人工智能、知识库、智能搜索等信息技术的发展及其支持工具的应用，为设计师提供了有效的帮助，在很大程度上推动着产品创新设计的飞速发展。

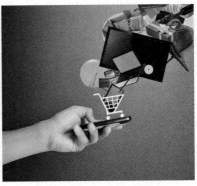

图 1-6
信息获取便捷化

2）数字化

信息的数字化主要依托于计算机技术的发展和应用。数字化技术可以将复杂的信息
转化成可以度量的数据，然后通过一定的数字化模型，将数据转变成二进制代码，存储
到计算机中，再统一进行处理。数字化的相关技术包括 CAD/CAE、DFX、并行工程等。
这些技术在航天、汽车以及大型船舰等领域的应用效益十分明显。如波音 B777 的设计，
通过数字化定义实现了信息流的无纸化采集、传递及加工处理，大大提升了工作效率（图
1-7）。制造环节采用了数字化预装配技术，实现了虚拟装配，与以往需要制造 1：1 的
结构样机相比，大大地节省了人力、物力及时间成本。

图 1-7
波音 B777-300ER

3）网络化

网络化是指通过通信技术和计算机技术，把分布在各个地点的计算机和电子终端设
备联通，将整个互联网整合成一台超级计算机，实现数据资源、计算资源、知识资源等

的共享。目前在各行各业如教育、金融、企业管理等都得到了广泛运用 ❷。

网络化也使得创新设计活动能够更好地互联与互通，包括协同创新、多学科协同设计、仿真和修改等。它主要依靠 Internet/Intranet 网络技术、图形仿真与可视化技术、ERP/PDM 技术以及 Web 动态数据库技术等相关技术，有效、快捷地将设计资源进行集成，实现资源共享，并利用虚拟现实、三维仿真等技术，协同设计，快速组建设计实体，继而输出低成本、高质量的产品 ❸（图1-8）。

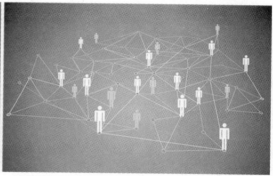

图1-8
网络化技术的发展连接了人与物

4）智能化

智能化是指由现代通信与信息技术（Information and Communication Technology，ICT）、计算机网络技术、行业技术、智能控制技术等汇集而成的针对某一个方面的应用 ❹（图1-9）。

图1-9
智能家居控制系统

创新设计的智能化主要体现在计算机辅助产品创新设计方面，包括计算机辅助创新设计平台及系统。

计算机辅助创新系统已有十多年的发展历史，成型软件如美国 Invention Machine 公司的 Goldfire、美国 Ideation International 公司的 Innovation WorkBench、比利时 CREAX 公司的 CREAX Creation Suite、北京亿维讯科技有限公司的 PRO/Innovator 等。计算机辅助创新系统能够提供多种辅助创新工具，丰富设计师的思维模式，打破惯性思维，辅助设计师进行产品创新设计活动；同时，还可以为产出的概念设计方案提供合理的评估机制，降低在概念设计阶段出现偏差的概率。

1.1.3　用户驱动

用户驱动，简单来说，是要满足用户对产品的需求。

在产品创新设计中，即以用户为中心的设计，以用户的需求为首要出发点，强调"人 – 产品 – 环境"之间的关系，通过心理学、人机工程学等多个领域的知识提高产品的健康、安全、效率、舒适等多方面的特性。例如汽车座椅的可调节设计，保证了不同用户的舒适性与安全性。同时，还要注重提高产品的易用性，简化任务操作流程，同时减少用户的认知负荷（图 1-10）。

交互设计领域的以用户为中心则是在产品的信息架构、交互方式、人机界面等方面的设计过程中，从用户的需求、使用习惯以及心理预期等方面出发，进行产品规划与设计，

图 1-10
产品设计的易用性

让用户需求驱动产品创新，而不是用户被产品所奴役。

1.1.4 设计驱动

随着社会形态的发展变化，人们生活水平的提高，尤其是互联网技术和物联网技术的发展，设计，也成了产品创新的一大重要的驱动力。好的设计就是好的生产力！从设计的层面讲，好的设计不仅仅是停留在视觉体验这个表现形式的层面，而是创造优秀的使用体验，如苹果公司的 iOS 系统。

研究表明，产品的外形设计等美学因素是决定消费者购买及满意度的重要因素，奥迪曾经表示消费者的购车决定多达 60% 取决于外形而不是性能。产品优美的外观设计、优秀的用户体验、人性化的交互等多种因素正影响着人们的购买决策，而这些都离不开专业化的设计。iPhone6、iPhone 6plus、iWatch 在技术上几乎没有多大的创新，尤其是 iWatch，并没有功能上的创新，但是相较于苹果其他的产品，它们独特的外观和优秀的交互体验已经成了时尚的代名词，从商业角度来讲已经获得了巨大的成功。从某种意义上来说，iWatch 卖的已经不是功能，而是设计与品牌（图1-11）。

图 1-11
iWatch

产品设计是制造业的灵魂。据统计，产品生命周期成本的 80% ~ 90% 是由设计阶段最早的 10% ~ 20% 环节决定的，产品创新设计已经成为企业乃至国家在全球化竞争中的重要战略❺。面临艰巨而紧迫的任务，企业必须提高自身的产品创新设计能力，实现自主突破创新，打造自己的品牌形象。在制造行业，不少国外品牌把工业设计作为自己的"第二核心技术"。同时，随着产品和技术的日益同质化，通过产品的创新设计建立自身既有统一性又具有差异化的品牌策略，是企业在激烈的市场竞争中获胜的必经之路。

1.2 产品族设计 DNA 研究驱动产品创新设计

随着感性消费时代的到来，消费形态日趋个性化与感性化，产品的个性及品牌识别度逐步成为产品开发的重要工作。著名企业如苹果、宝马、奔驰等，产品不断地更新换代，但是旗下产品的风格却在不断地创新中保持了一定的继承性，人们总能从众多品牌中将其产品识别出来，这就是品牌个性及识别度的体现。然而，产品设计的过程充满了模糊与不确定性，一般都是由设计师凭借自身的直觉、灵感和经验，将设计意图映射到新设计之中，缺乏理性的支持，难以形成一套切实可行的产品设计方法。

企业在技术同质化越来越严重的市场竞争中，想要脱颖而出的一个重要手段便是建立自身的产品族设计 DNA，实现面向多样化需求的系列化或者具有更强变形能力的产品创新设计。

产品族设计 DNA 研究，就是将生物学中 DNA 相似性和继承性的概念引入企业产品内在的遗传和变异特质中，研究产品族中产品在不断进化的过程中享有的共性特征，形成品牌特有的产品族设计 DNA，辅助企业进行新产品的研发，保证品牌产品代代之间的相似性与差异性，实现品牌的延续与创新。

本章注释：

❶ 中央编译局 . 马克思恩格斯选集 . 北京 : 人民出版社，1995（1）: 79.

❷ 百度百科。

❸ 裘建新，王晰巍 . 网络化设计方法研究综述 . 机械设计，2003，20（3）: 4-7.

❹ 百度百科。

❺ 朱上上，潘云鹤，罗仕鉴，等 . 基于知识的产品创新设计技术研究 [J]. 中国机械工程，2002，13（4）: 337-340.

41
42

第 2 章
产品族设计 DNA
构成及体系

2.1 产品族设计 DNA 的基本概念

2.1.1 产品族

产品族（Product Family，PF）这一术语由 James Neighbors 在 1980 年提出，其定义是针对特定细分市场需求而生成的一系列相似产品的集合。比如发展比较成熟的企业如宝洁、宝马等，旗下通常会拥有不同的产品和品牌，而同一品牌下的系列化产品即为产品族。产品族通过赋予一部分产品相似甚至相同的特征、功能或者特性，衍生出一组相关的产品，用以满足用户多样化、个性化的需求。产品族中产品个体与个体之间共享的设计部件或特征参数等设计要素集合构成产品平台，也是产品族的核心。

同时，产品族中的产品个体之间具有的相似甚至相同的特征，共同组成品牌特有的识别要素；同时，个体之间又都具有一定的差异性，保证了产品的多样性，以适应用户的多样化需求（图 2-1）。

根据研究内容的不同，产品族研究可分为面向工程的产品族研究和面向工业设计的

图 2-1
具有系列感的两
组产品

产品族研究两类。

面向工程设计的产品族研究针对的是产品的成本控制与制造环节，主要指基于柔性平台和重用技术，通过通用化、模块化、标准化以及系列化等敏捷产品开发设计手段降低开发成本，权衡用户需求、产品设计和制造效益，结合对产品平台的功能、性能、成本、寿命以及可靠性等各种因素的考量后建立产品族，以最小的产品变异，最大限度地实现产品设计参数和生产过程的重用性。当前产业界 ❶ 和学术界 ❷ 展开了大量相关应用与研究，提出了多种创新技术以提高产品平台的重用能力，降低开发成本。

面向工业设计的产品族研究针对的是产品的设计方面，主要解决的问题包括美观的外观造型、优越的人机性能、优秀的用户体验等。它涉及的研究理论比面向工程设计的产品族研究更为广泛，包括造型设计 ❸、感性设计 ❹、计算机辅助 ❺ 等面向可视产品的设计开发方法、市场调研、消费心理等面向市场的研究，同时也需要研究企业文化等形而上的产品族特征。两者的主要差别如表 2-1 所示。

产品族工程设计和工业设计　表 2-1

比较内容	产品族工程设计	产品族工业设计
研究对象	功能原理、结构	产品形态、色彩、人机关系、品牌、文化
目标	降低生产成本	顾客需求、产品创新设计
阶段	详细设计、生产组织	产品概念设计
手段	有效管理企业资源、生产过程重组等	创新设计、产品语义学
理论基础	CIMS、并行工程、先进制造技术	产品创新设计技术、人机工程

本书主要涉及面向工业设计的产品族研究。

对于工业设计而言，产品族是设计师在进行产品设计时，为同一企业生产的不同产品赋予相似甚至相同的造型特征，使之在产品外观上具有共有的"家族化"的识别因素，使不同的产品之间产生统一与协调的效果。

2.1.2 产品族设计

产品族设计（Product Family Design，PFD）是大批量定制（Mass Cus - tomization，MC）的核心内容，以低成本和快速开发周期满足客户的个性化需求❻。基于产品平台的产品族设计是实现大批量定制的重要方法，正在被越来越多的企业所采用。相较于传统的产品战略，产品族设计具有独特优势，例如：产品之间的共性特征可以强化"家族化"的品牌形象；缩短创新设计周期；降低开发制造成本；产品之间既存在着一定的差异性又能满足市场的多样化需求等。

在工程设计中，根据产品平台要素的不同，可以将产品平台分为模块化产品平台和参数化产品平台。因此，产品族设计方法通常有两类：一类是以模块化产品体系结构为核心，通过共享模块的增加、替换或者移除和适应性变形来实现产品族设计；另一类是基于可调节变量的产品族设计方法，将产品平台设计参数分为共享的公共平台参数和可调因子，通过改变一个或多个可调因子值来形成产品族❼。

在工业设计中，产品族设计方法不是固定的，而是针对不同的产品种类、用户需求和市场变化，站在"人－产品－环境"系统的角度上来进行设计。产品族的建立过程由市场驱动，针对客户群现在的需求并预测未来的可能需求进行产品族的开发，能够覆盖一类产品的产品族，其系统模型如图2-2所示。

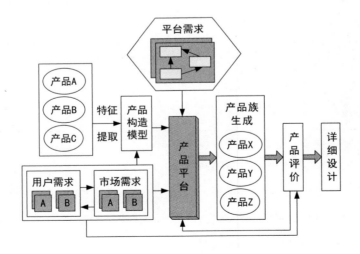

图2-2
产品族设计系统模型

2.1.3 DNA

1. 生物界 DNA

1）DNA

DNA 是 Deoxyribonucleic Acid 的缩写，即脱氧核糖核酸，是一种具有双链结构的分子。DNA 分子由四种脱氧核糖核苷酸（成分有脱氧核糖、磷酸和四种含氮碱基，如图 2-3 所示）组成。如图 2-3、图 2-4 所示，脱氧核糖与磷酸分子之间由酯键相连，组成 DNA 分子长链的骨架部分，排列在外侧，而四种含氮碱基两两互补配对，通过氢键进行连接排列在内侧。这些碱基对沿着 DNA 长链所排成的序列，组成遗传密码，指导蛋白质的合成。碱基对的排列顺序千变万化，决定了 DNA 分子的多样性，而 DNA 分子控制合成蛋白质，所以生物界丰富多彩的根本原因是 DNA 分子的多样性。

图 2-3
脱氧核糖核苷酸
分子结构

图 2-4
电子显微镜下
的 DNA（a）、
DNA 分子双螺旋
结构模型（b）及
DNA 分子结构模
式图（c）

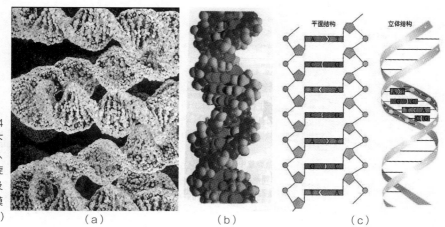

（a） （b） （c）

在生物细胞内，DNA 能与蛋白质组合形成染色体，所以 DNA 是染色体的主要化学成分。同时，DNA 是遗传信息的载体，生物体亲子之间的遗传信息都储存在 DNA 分子中，这些遗传信息保证了同种生物世代之间在性状上的稳定性和变异性。

生物体在繁殖过程中，父代通过半保留复制的方式将 DNA 分子中的遗传信息传递给后代。DNA 复制是生物遗传的基础。DNA 的复制是一个边解旋边复制的过程。首先是解旋，DNA 分子利用细胞提供的能量，在解旋酶的作用下，把两条螺旋的双链解开。然后以解开的每一段母链为模板，以周围环境中四种脱氧核苷酸为原料，在 DNA 聚合酶的作用下，遵循碱基互补配对的原则，各自合成与母链互补的一段新的子链。同时，每条子链与其对应的母链盘绕成新的双螺旋结构，从而各形成一个新的 DNA 分子（图 2-5）。一个 DNA 分子通过这种方式进行复制，继而通过细胞分裂分配到两个子细胞中去，完成遗传信息的传递。因此，子代 DNA 的一条链来自亲代，另一条则是合成的新链，从而实现了生物性状的传播，既保持了亲子之间的相似性又实现了亲子之间的差异性和独特性。

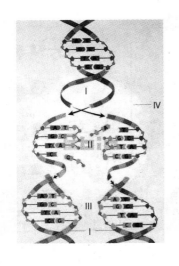 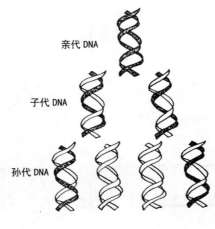

图 2-5
DNA 复制及分配
图解

2）基因

想必大家还记得生物课上学过的著名的豌豆杂交实验。来自奥地利的现代遗传学之父孟德尔，他通过豌豆杂交实验发现了显性、隐性遗传现象，以及分离定律和自由组合定律这两个重要的遗传学现象，并将能够进行遗传特征传递的遗传物质称为遗传因子，也就是现代遗传学中基因的概念。

基因，是带有遗传信息的 DNA 片段，是控制生物性状的基本遗传单位。比如有的片段决定你的血型，有些片段决定你虹膜的颜色，总之，基因决定着你的各种特征。基因有显性和隐性之分，子一代中表现出来的性状叫显性性状，没有表现出来的叫隐性性状，所以显性基因是控制显性性状发育的基因，而隐性基因是支配隐性性状的基因。

讲到基因，我们不得不提到的便是基因的遗传与变异。正是因为遗传与变异效应，才塑造出了生物界延绵不绝而又丰富多样的生命现象。

3）遗传与变异

遗传和变异是 DNA 的核心功能，是物种形成和生物进化的基础。遗传使物种得以延续，变异则使物种不断进化。

（1）遗传

生物界中，亲代产生与自己相似的后代的现象叫作遗传，表明生物性状从亲代传递给了子代。遗传使得生命能够一代一代地延续，保证了生物界一定的稳定性，人们常说的"种瓜得瓜，种豆得豆"就是遗传的最好体现（图 2-6）。

前面我们讲过 DNA 分子通过复制将遗传信息传递给下一代，而基因是 DNA 分子上具有遗传信息的特定核苷酸序列，所以基因通过复制把特定的遗传信息传递给下一代，基因复制依赖于 DNA 的复制完成。

图 2-6
生物界中的遗传
现象

（2）变异

生物体亲代与子代之间以及子代的个体之间总存在着或多或少的差异，这就是生物的变异现象，如孟加拉白虎是孟加拉虎的变种（图2-7）。它是生物繁衍后代的自然现象，是遗传的结果。

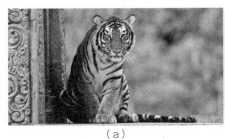
（a）

（b）

图2-7
孟加拉虎（a）与
孟加拉白虎（b）

变异主要指基因突变、基因重组与染色体变异。其中基因突变是产生新生物基因也就是生物多样性的根本来源。人类可以通过人工诱变的方法创造利用更多的生物资源，比如说辐射、激光、病毒、一些化学物质（常用的是秋水仙素）都可以促使变异。

生物的变异有些是可遗传的，有些是不可遗传的。不可遗传的变异是由外界因素如光照等引发的变异，与进化无关，不会遗传给后代。可遗传的变异则是指由遗传物质发生变化而引起的，能遗传给后代的变异，与进化有关，并最终导致新物种的产生。最典型的例子如复仇者联盟、蜘蛛侠、X战警等科幻电影中出现了众多的超能力英雄（图2-8），吸引观众的眼球，如X战警中，变种人是因为具有特异超能

（a）

（b）

图2-8
金刚狼（a）与
绿巨人（b）

力的关键基因，才导致了他们与常人的不同。而这些超能力如何得来，电影里我们也不难找到答案，究其源头，都是因为基因突变，引发这种变异的方式有基因突变与基因重组。

基因突变，是指基因组 DNA 分子发生的可遗传的变异现象。基因重组则是指不同 DNA 链的断裂和连接而产生 DNA 片段的交换和重新组合，从而形成新 DNA 分子的过程。

2. 产品 DNA

产品 DNA 借鉴生物 DNA 的概念，将生物遗传变异的特性引入产品设计中。特别是产品族的开发设计过程中，新产品需要与上一代产品保持一定的相似性，同时又要有一定的差异性，如同生物界亲代与子代间的性状遗传。同样，家族产品的遗传信息也是储存在产品 DNA 中，既延续着家族特征，同时，产品设计的 DNA 也会引起突变，衍生出新产品，实现不断地创新和与时俱进。

2.1.4　产品族设计 DNA

在产品族设计中，每代产品的开发设计也是一个反复继承、变异创新的过程，产品族设计 DNA 的研究方法，就是将 DNA 相似性和继承性的概念引入产品内在的遗传和变异特质中，研究产品族 DNA 的规律和变化特征，辅助企业进行产品研发。

对于工业设计而言，产品族是一组具有相似或者相同特征的产品的统称。产品族中产品在不断进化的过程中享有的共性特征，构成企业产品族设计 DNA，比如苹果手机的机身整体造型，材质，Home 键、音量键、静音键、滑动解锁，图标等，都是苹果手机的设计基因，尽管它一直在更新换代，但是消费者能一眼认出苹果的手机（图2-9）。

企业正确的研发策略就是让其产品与其他公司产品截然不同，找出那份独特的 DNA。前苹果电脑公司设计总监伯纳认为，企业若能将其特有的企业文化"DNA"因子，应用于各项产品设计，才是最好的设计策略，才会形成强有力的竞争力。这是别人难以学习和模仿的，也是世界上著名公司的重要竞争秘诀之一。

iPhone

iPhone3G

iPhone3Gs

iPhone4

iPhone4s

iPhone5

iPhone5s

iPhone5c

iPhone6

iPhone6s

图 2-9　iPhone 手机历代变迁

2.1.5 产品族设计 DNA 研究

感性消费时代，产品的个性及品牌识别度逐步成为产品开发的重点。工业设计远不止外观设计，好的设计是在蕴涵了品牌文化等内在因素的基础上，既保持了品牌产品设计风格的延续性，又具有一定的创新性和前瞻性。企业在技术同质化越来越严重的市场竞争中，想要脱颖而出的一个重要手段便是建立自身的产品族设计 DNA，产品族设计DNA 的研究对于规划品牌设计风格及视觉形象具有重要意义，是产业界和学术界共同关注的热点问题。

1. 产业界关于产品族 DNA 的研究

在产业界，国内外很多企业都很重视产品族的设计 DNA[8]，例如奔驰汽车、宝马汽车、摩托罗拉 [9]、索尼电子和国内的华为、海尔、联想、长虹等大型企业。韩国三星设立了产品 DNA 研究小组，针对企业文化和产品品牌开展产品的 DNA 研究与设计。长虹还聘请了曾一手打造过三星工业设计体系的美国工业设计大师高登·布鲁斯来担当设计顾问，理顺长虹的设计 DNA。

由于产品族 DNA 是企业竞争的秘笈之一，中国企业目前还处于摸索阶段，很难模仿、借鉴国外的成功做法，因此带来了以下两个问题：

（1）缺乏理论与方法的支持，部分企业陷入盲目的开发之中，往往依靠一两个设计师的个人能力，难以形成长效的产品开发机制；

（2）企业在新产品开发的同时缺乏快速生成技术，往往依靠大量的人力投入，市场响应速度慢。

2. 学术界关于产品族 DNA 的研究

在学术界，KARJALAINEN[10] 以沃尔沃汽车、诺基亚的产品 DNA 为例，对从品牌认知到产品造型的转化进行了研究；SUSAN[11] 等以索尼随身听为对象，研究了以索尼为例适应美国的市场需要，建立了产品的快速模型来协调各个设计部门，进而管理产品族。

国内目前针对产品族 DNA 所展开的研究越来越多了，大多数表现在产品族的功能、行为和结构等层面，集中在产品零件级和大规模定制生产领域。例如，台立钢等[12] 建立了产品族实例知识表达的结构模型及其存储和检索方法，以产品族知识库为中心设计了集成化的智能快速响应设计系统并应用到电梯设计中；镇璐等 [13] 研究了在满足多样化客户需求的前提下，提高产品族中设计变量的共性，用遗传算法对产品平台参数进行规划，并以一个电动机为例进行了验证；王爱民等 [14] 通过分析产品开发过程以及部件关联矩阵，以部件之间关联的紧密程度作为聚类指标，求得部件对不同类别的相对隶属度，为产品族设计中模块和核心平台的划分提供科学分类依据。

上述研究对产品族设计起到了一定的推动作用，但对于产品创新设计而言，仍然有一定的不足，主要表现如下：

（1）缺乏对产品创新设计前端，即造型设计的研究；

（2）缺乏对产品造型风格与人们认知意象之间关系的研究，不能表达产品设计元素与人们情感、审美之间的关系。

2.2　产品族设计 DNA 的知识体系

对于工业设计而言，产品族设计 DNA 的研究主要涉及市场研究、企业文化、品牌、产品设计、心理学和计算机技术等方面，知识体系如图 2-10 所示。

2.3　产品族设计 DNA 的表示结构

产品族设计 DNA 表示结构定义了产品构成的骨架，体现了产品的层次结构及构成关系。产品是由部件和零件按照一定的特征和约束关系构成的，零件又可以分为更低一级的零件和元件，同样这些零件和元件之间也是按照一定的特征和约束关系构成的，如图 2-11 所示。产品族设计 DNA 遗传与变异的基本元素就蕴含于这些部件、零件与元件之间，一代一代衍化。

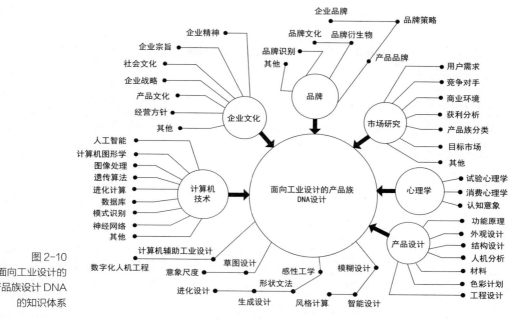

图 2-10
面向工业设计的
产品族设计 DNA
的知识体系

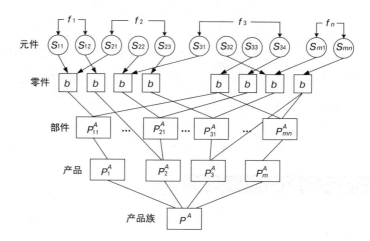

图 2-11
产品族设计 DNA
的表示结构

对于产品 A，在产品族设计 DNA 结构中用 P^A 表示产品族，P 表示产品，则

$$P^A = \left\{ P_i^A \right\} \quad i = 1, 2, \cdots, m$$

表示产品族 P^A 由 m 个产品 P 的集合组成。对于任一个组成产品 P，可以表示为

$$P_i{}^A = \left\{ P_j{}^A \right\} \quad j = 1,\ 2,\ \cdots,\ n$$

表示任一个产品 P 可以由其下层的 n 个组成部件的集合组成。而部件又由零件 b 组成，直到该组成零件为元件。

以眼镜设计为例，由于不同款式的眼镜在功能上的差异性很小，眼镜的产品族设计以眼镜分类和模块化为基础，利用相似性原理和重用性原理，便可建立眼镜产品族设计 DNA 的结构模型，如图 2-12 所示。

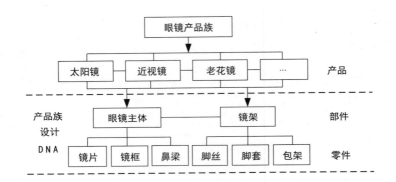

图 2-12
眼镜产品族设计
DNA 结构模型

当然这个表示结构只是描述了一个可配置的、包括所有类别和部件的模块化产品系统的组成。需要根据不同的设计目的，眼镜的部件和零件分别构成不同的产品族设计 DNA，以支持产品族的系列化设计。

2.4　产品族设计 DNA 研究内容

2.4.1　研究内容

在工业设计中，产品族设计 DNA 的研究内容包含以下内容：

1. 产品族设计 DNA 的提取

产品族设计 DNA 的提取是设计的第一步。产品族设计 DNA 较为复杂，不同种类的产品有不同的分法。对于工业设计而言，从产品组成上可以分为功能、原理、结构、外形、人机、材料和色彩等要素，而每一个要素又可以分为若干个子要素；从产品结构层次上可以分为部件、零件和元件等。产品设计必须从语法层、语义层等多个方面提取产品族设计 DNA 的特征，找出构成产品族风格 DNA 遗传和变异的设计元素，这是研究产品族设计 DNA 的关键。对于企业产品族外形设计、企业产品线规划、品牌规划等具有重要意义。

2. 产品族 DNA 的编码

产品族 DNA 的编码是产品概念设计的重要环节。它要研究用户和设计师自身的特性、对产品的认知结构、思维模式、认知意象等，建立符合产品认知特征的显性知识和隐性知识表示模型，并与设计知识相联接，传递到产品的概念设计中。

产品族 DNA 的编码设计是衍生新的变形产品的基础，编码的数据结构应该有利于计算机的存储、修改和求解，使变形产品从设计到制作加工装配上实现无缝集成，另外保证零部件编码的规范性，保证参数的系列化和标准化，为 CAD ／ CAPP ／ CAM 各环节提供全面合理的、无人工干预的集成数据。

3. 基于产品族 DNA 元素的产品风格认知度研究

产品的风格是人们对产品共性特点的认知，不同的产品会形成不同的风格认知。这一环节主要研究人们对某一类产品造型的风格认知特点，建立产品族 DNA 设计元素与用户认知意象之间的映射关系，为产品建模奠定基础，这也是产品族 DNA 工业设计与产品族 DNA 工程设计的主要区别之处。

4. 产品信息建模

产品信息建模是计算机辅助设计的关键。由于消费者关心的是产品的性能，因此需要建立一套既包含产品 DNA 形状特征，也包含用户认知意象的心理特征体系，并在此基础上进一步开发以用户对产品的最终要求驱动的产品造型生成系统平台。

这些模型应该包括：用户需求模型，产品的功能、原理、结构模型，产品认知意象模型，产品造型元素与认知意象之间的映射模型等。这里后面的章节我们会再讨论。

5. 产品族 DNA 的学习与推理

产品族 DNA 的学习与推理是进行系统优化、衍化的基础，一般采取遗传算法、模糊逻辑、人工神经网络等计算方法。例如，可以采用多元矩阵进行模糊关系的定性与定量描述，根据嵌套随机集来建立不确定性推理方法，建立智能化的学习与推理机制，构建新产品造型元素的生成规则，包括新产品造型设计的遗传与变异。

2.4.2 应用案例

以一个电话机外形设计的原型系统为例，主要从技术生成的角度出发，从已有的电话机模型中进行推理变化，保持电话机 DNA 的相似性和继承性。此系统是基于 Pro/Engineer 的二次开发包 Pro/Toolkit，以 Visual C++ 实现的。

（1）电话机外形设计 DNA 的表示结构

在产品族概念设计中，设计师通常建立一个不十分明确的初步整体模型，尝试多种不同的布局设计，以便进行方案选择、决策、优化。在案例的研究过程中，根据功能要求，将电话机外形分解成不同层次上的组件和部件，以便设计师按照一定的约束关系进行装配，建立概念模型，如图 2-13 所示。

图 2-13 所示的电话机外形设计 DNA 表示结构是产品组件与部件之间的有向图，其中节点代表产品的各个组件或者部件，即设计变量，箭头表示部件之间的三维空间约束。由于组件和部件之间具有连贯性和遗传性，可以在保持局部一致性的条件下实现约束的传递而不影响其他组件或者部件。如在图 2-13 中，对面板进行修改，其约束关系

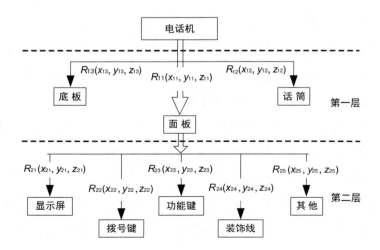

图 2-13
电话机外形设计
DNA 表示结构

的变化将会传递到显示屏、拨号键和功能键等，但不会影响到底板和话筒。

（2）电话机外形设计的空间布局关系

在电话机的外形设计中，有些元素和元素之间的关系是固定的，比如拨号键总是位于机身之上，显示屏的下方。但是拨号键与显示屏的位置关系并不完全是固定的，它们之间的距离随电话机的造型、大小的变化而变化。由此可见，空间布局的结构有动态和静态之分。在静态结构中，元素和元素关系是固定的，不包括动态元素或过程；在动态结构中，元素、属性及它们之间的关系是可以改变的，可增加或删除某些元素、子结构、操作或过程。

动态空间布局结构往往体现在一些对功能、结构、人机工程关系等没有太多要求的部件，使得空间布局上可以有很大的自由度。针对这种情况，只需设置该部件必要的拓扑关系，其余约束由设计师通过交互式调节以获得满意的布局方案，使产品布局设计具有了一定的创造性、开放性。

下面仅以电话机的拨号键设计为例：

描述部件的参数包括两种类型的约束，即尺寸约束和拓扑约束。在本案例中，拓扑约束包括：部件参考面之间的贴合关系、平行关系、垂直关系、参考线之间的共线、同轴关系等；尺寸约束包括部件两参考面之间的偏移、角度等。如将从部件 i 到部件 j 的约束记为 R_{ij}，则 $R_{ij} = \{ x, y, z \}$。x, y, z 分别代表三个维度的约束变量. 通过这种方式，可以定义部件 i 相对于部件 j 的空间位置关系，如上方、下方、左方、右方、相嵌等。

电话机面板所处的范围可以被看作是一个二维的区域 A，按键分布在其上。对于任一区域 A，可以定义一个适当的位置（起始位置 O），并把该区域按键 Button 的平面坐标原点设在此处，则该区域的其他任一按键 Button* 的位置可表示为

$$Button* = Button \cdot M$$

其中 M（Move）具有如下形式

$\begin{pmatrix} 1 & 0 & 0 \\ 0 & 1 & 0 \\ T_x & T_y & 1 \end{pmatrix}$ 为平移变换矩阵，其中 T_x，T_y 分别是 x，y 方向上的平移。

随着拨号键所在的电话面板以及在面板内的区域的变化，只要改变按键之间的平移，就可得到适合于新面板区域的合理布局。

（3）设计 DNA 的特征转换

从设计实例库中选取一个较为合适的设计实例 Button，将之定义为父按键，其他按键都遗传其特征。针对实际情况修改特征参数，使之适合于当前的产品布局。

根据研究，可以将在同一个域中按键特征的变化理解为在设计上是"平面相似"的。按键的"平面相似"可以定义为：按键只有平移、旋转与缩放上的差异，即：将原点 Button 做一定程度平移、旋转与缩放上转换，就可带动其他 Button 作同样的变换，其表达如下

$$\text{Button2= Button1} \cdot M \cdot R \cdot S$$

R（Rotate）具有如下形式

$$\begin{pmatrix} \cos\theta & \sin\theta & 0 \\ -\sin\theta & \cos\theta & 0 \\ 0 & 0 & 1 \end{pmatrix}$$ 为旋转变换矩阵，其中 θ 为旋转角度

S（cale）具有如下形式

$$\begin{pmatrix} S_x & 0 & 0 \\ 0 & S_y & 0 \\ 0 & 0 & 1 \end{pmatrix}$$ 为缩放变换矩阵，其中 S_x，S_y 分别是 x，y 方向上的缩放因子

相应地，只要给出一组参数 $\{T_x, T_y, \theta, S_x, S_y\}$，就可以得到与 Button 平面相似的按键。这样，区域中的按键布置就可以表达为一个矩阵

$$\begin{pmatrix} T_{x1} & T_{y1} & \theta_1 & S_{x1} & S_{y1} \\ T_{x2} & T_{y2} & \theta_2 & S_{x2} & S_{y2} \\ T_{xn} & T_{yn} & \theta_n & S_{xn} & S_{yn} \end{pmatrix}$$

在设计数据库中记录上述矩阵，即可以表示区域 A 中的按键的形状布局结果。

根据需要，还可以加入其他约束规则，例如：

规则 1：$L_k \geq W_k$，表示椭圆按键横向半径不小于按键纵向半径；

规则 2：$L_k < S_k$，表示按键横向半径小于按键纵向距离；

规则 3：$D_c = D_k \times 1.05$，表示按键孔直径为按键直径的 1.05 倍。

在概念模型的基础上，设计师可以根据产品的实际情况建立必要的约束规则。

定义了各种约束之后，利用此外形设计原型系统，建立了电话机产品族外形设计实

例库。在实例库的基础上，通过定义组件拓扑规则、参数间的算术和逻辑规则、用户界面生成元信息，可以为用户提供产品自动生成功能，包括自动替换、自动装配、自由搭配、自动变形、重新装配等技术。图 2-14 为按照上述方法变换生成的几款电话机产品族概念模型设计的例子，它们在按键形状、空间布局设计上进行了一些变化。

案例提供的只是一种思路，为产品的快速设计提供了一定的研究方法，也为企业长期的产品开发设计机制提供了一定的思路。后续还有很多工作要做，如进一步深入研究产品族设计 DNA 的信息建模技术，构建产品族设计 DNA 元素与用户认知意象之间的映射关系等。

图 2-14
电话机产品族空
间布局设计示例

2.5 产品族外形设计 DNA

2.5.1 产品族形象

产品族形象是人们对产品族的印象与认知。产品族形象设计是以产品族为载体，通过对产品族外观、功能、结构、材料、人机界面，依附在产品上的标志、图形、文字，以及包装、展示、推广、广告等营销过程进行系统的策划和设计，以统一的感官形象传达企业精神和理念的过程（图 2-15）。

产品族形象按照功能可分为视觉形象、品质形象和社会形象三个层次。其中视觉形象指具象的产品设计特征，如外形、色彩等，可通过感官直接获取，是与消费者最密切相关的层次。同时，相较于需要长期树立的品质形象和社会形象，视觉形象变化更为丰富，既可以通过规划产品视觉形象塑造品质和社会形象，也可以根据品质和社

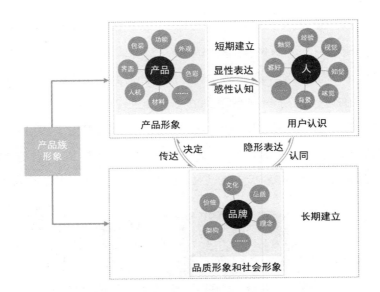

图 2-15
人与产品族形象
之间的关系

会形象的特征来指导视觉形象的构建。因此，视觉形象是规划产品族形象的核心内容。

如我们看到马路上行驶的双肾型进气格栅的汽车，就能识别其为宝马品牌，这便是消费者对宝马品牌产品长期视觉形象刺激下而形成的品牌形象的认知。

本书中涉及的面向工业设计的产品族研究以及案例主要针对产品族的外形设计。

2.5.2　产品族外形设计 DNA

同生物体的遗传和变异现象一样，工业设计中，产品的开发设计也是一个反复迭代、不断变异的过程，所有新产品与以前的产品既具有一定的联系（遗传），但又不完全一样（变异）。对于典型产品，其所属部件或零件具有稳定的结构，如果将某些零件特性施行复制、转移、删除等操作，必有功能或结构上的改变（变异），或者其综合性能得到优化（进化）或者使其报废（淘汰）。

1. 产品族外形设计 DNA 的遗传效应

在企业产品线长期发展的过程中，为了使系列产品表现出统一的形象，通常会在产品外形设计上延续应用某种相似的高识别外形特征，使产品在视觉上具有"家族化"。这种父代特征的继承与保留与生物遗传效应非常相似。

生物界的遗传过程依靠 DNA 复制完成。DNA 分子为双螺旋链式结构，以半保留复制方式来合成新的 DNA。产品族设计 DNA 可模拟这种复制过程，如图 2-16 所示：

● 解旋：在生物遗传中，复制开始时，在 ATP 和解旋酶的作用下，初代 DNA 的双螺旋链解开为两条平行双链，即母链（模板链）；相应地，在产品族设计中，产品外形中特定部件的设计构成了基因片段，其部件与样式分别对应生物 DNA 的两条母链，对其进行定义后完成解旋。

● 互补：在生物遗传中，以解开的每一条母链作为模板，以周围环境中游离的脱氧核苷酸为原料，按照碱基互补配对的原则，与母链互补形成互补的子链。相应地，产品外形设计模拟该过程，根据基因片段的特征，对部件与样式制定配对规则。

● 合成：在生物遗传中，在聚合酶的作用下，每条子链与其对应的母链盘绕成双螺旋结构，从而各自形成一个新的 DNA 分子。相应地，在产品族外形设计中，由于互补步骤中部件和样式按照特定规则匹配，使合成得到的两个新产品外形中同样包含初始产品的设计特征（即外形基因片段），完成遗传过程。

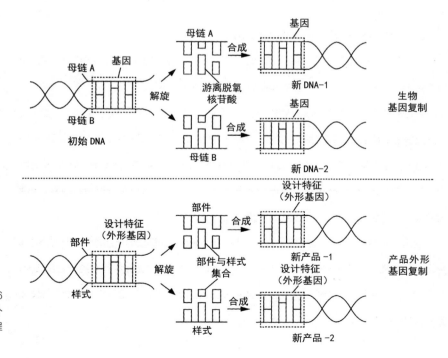

图 2-16
生物基因与产品外形基因的复制过程

如三星手机目前最成功的 Galaxy 系列，以 Galaxy 的 Note2、Note3、S4、Tab3 Lite、Trend2、MEGA 等机型为例，如图 2-17 所示，系列手机随着尺寸的变化，Home 键、听筒、摄像头等部件的形状都保持着统一的样式。

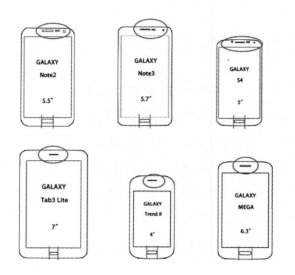

图 2-17
三星手机 Galaxy
系列产品

2. 产品族外形设计 DNA 中的变异效应

在产品族外形设计中，不同产品个体通过外形上的区别适应多元化的市场需求。这种产品族中系列产品的差异化形象与生物的变异效应非常相似。

生物界的变异效应源于基因突变。基因突变指在 DNA 复制的过程中偶尔会产生错误，错误情况主要包括脱氧核苷酸对的改变、缺失和增添等，如图 2-18 所示。基因突变使得亲代与子代之间及各子代个体之间的基因型存在差异，从而导致生物展现出不同的表现型。

产品族外形基因变异模拟基因突变的产生过程，通过对部件和样式进行改变、删减和增添，使产品的基因型产生变化，从而改变产品的整体外形。

继续以三星 Galaxy 系列产品为例，手机产品的外形随着人们的需求不断在发生着变化，如最直观的尺寸的变化，从图 2-19 我们可以看出，随着系列产品尺寸的变化，三星 Galaxy 系列手机的机身外轮廓保持着一致的圆弧形状，但是每个机型外轮廓的弧度大小又都存在着差异。

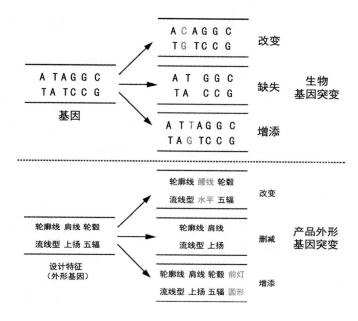

图 2-18
生物基因与产品
外形基因（以汽
车设计为例）的
突变过程

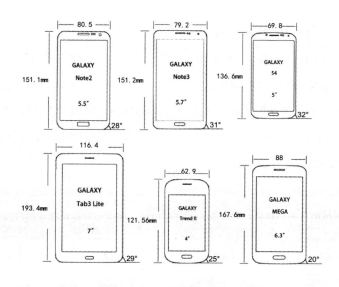

图 2-19
三星手机 Galaxy
系列产品

产品族的变异包括两种情况：一种是由于变异不被认可而被舍去的设计，即不遗传的变异；另一种就是突破性的创新，这种创新能够在消费者之间树立独特的风格认知，对产品族产生一定的变化且对消费者产生重大的影响。这种变异也是在保持品牌的延续

条件下开展的有序变异，不是无序的变异，对产品族风格的更新具有重要的意义，例如
大众汽车新型的 U 型和 V 型 "大嘴" 前脸的设计。

　　产品族的外形基因可以定义为：可遗传的，具有一定通用性和相似性水平的产品
族外形基本构成信息，可以在产品族设计过程中继承和传递外形知识，赋予系列产品
家族化的视觉形象。以图 2-20 为例，（a）表示某个产品的外形基因，在变异的产品
集合（b）中，无论它与其他形状组成何种图形，都能够保持基因的遗传性，人们都会
将它识别出来。

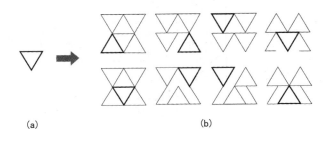

(a)　　　　　　　　　　　　　　　　　(b)

图 2-20
外形基因在产品
族中的应用示意

3. 产品族外形设计基因结构体系

　　根据产品族进化过程中外形基因的表现规律不同，产品族外形基因可以分为通用型
基因、可适应型基因和个性化基因三个层次。

　　这里我们主要通过典型 SUV 产品的外形设计为例，展示不同层次的外形基因之间
的区别和关系。如图 2-21 中 Jeep SUV 系列车型，Jeep 是专业的 SUV 生产厂商，
旗下产品根据外形差异可明显分化出三类：

指挥官　　　　　　自由客　　　　　　指南者　　　　　　大切诺基

牧马人 - 四门版 Sahara　牧马人 - 四门版 Rubicon　牧马人 - 两门版 Rubicon

图 2-21
JEEP SUV 系列
车型

其一如指挥官和自由客,两者的轮廓线、格状车窗、肩线和车柱等部件的设计均类似,传达出较为厚重的感觉;

其二如指南者和大切诺基,两者的整体形态偏流线型,整体轮廓线较为相似,但两者的曲面感等构面形态和车窗轮廓等细节都不太相同;

其三如牧马人系列产品,两门、四门版 Rubicon 和四门版 Sahara 三者轮廓线外形各有差异,但方正复古的设计风格相似,车轮、车灯、翼子板、车窗和车柱等部件样式均有共通之处,体现出延续感的形象。

（1）通用型基因

通用型基因（Currency Gene，CGene）指外形、结构比较固定,不受需求参数影响或影响不大,在同一产品族中可以重复使用的外形特征,也是在产品中最容易实现延续性的基因。只要设计出美观的、符合风格需求的、令人印象深刻的延续性特征,基本可以直接通用这种设计方案,快速地运用到整个产品族的系列化设计中去。

以 SUV 的外形设计为例,各车型之间一部分受风格约束较小,可在整个产品族系统内进行通用的部件,主要包括尺寸小,功能独立的部件或装饰细节。这些部件只需要根据产品特征在尺寸上进行微调就可以进行通用,样式可以不做改变。

如图 2-22 中 Jeep 旗下的 SUV 产品,几款车型均采用五辐轮毂,是典型的通用型基因。

宝马 X 系列上扬的肩线设计也是典型的通用型设计基因,如图 2-23 所示。

图 2-22
轮毂的通用型
设计

指挥官　　自由客　　指南者　　大切诺基　　Sahara　　Rubicon　　Rubicon

图 2-23
肩线的通用型
设计

宝马 X1　　　　宝马 X3　　　　宝马 X5　　　　宝马 X6

（2）可适应型基因

可适应型基因（Adaptable Gene，AGene）指产品系列中受某些参数影响，无法进行简单通用，需要根据产品设计的特殊需求进行可适应性改变的设计特征。可适应型基因特指为区分不同产品线而具有差异化，但在产品线内部又保持统一的设计特征。

以 SUV 的外形设计为例。在 SUV 产品中，限制基因通用的主要原因是存在设计风格定位不同的产品线，在对相关部件进行设计时，需要根据各产品线特征进行差异化的样式设计，与产品线设计风格保持一致。另一方面，在同一产品线体系内部，由于设计风格需求一致，这些部件样式可以进行通用性应用，实现产品线内部形象的统一。

如 Jeep 的 SUV 系列车型，车窗（包括外轮廓与车柱）在侧面外形中占较大部分比重，由于其顶部轮廓形状需要符合车顶形状，又与车窗数量相关，其设计受限因素较多。另一方面，同一产品线中 SUV 由于风格的相似性，通常采用同一种设计样式，如图 2-24 中的 Jeep 指挥官和自由客的格形车窗。

图 2-24
同一品牌不同产品间的车窗设计

Jeep SUV 产品的车尾设计在不同产品线间的样式不一致，但在同一产品线中的基本一致。如图 2-25，牧马人等复古越野车型后尾较为方正，其他车型稍显圆润。

前车灯外形在不同产品线间的差异较大，而在同一产品线中保持相似的样式，如图 2-26 所示。牧马人、自由客等车型的前车灯在正面，侧面不可见；而其他车型的前车灯则在两个面间过渡。

车尾、车窗、前车灯均可视为可适应型基因。

（3）个性化基因

个性化基因（Individual Gene，IGene）指单个产品专有的或不可变的设计特征，

图 2-25
同一品牌不同产品间的车尾设计

图 2-26
同一品牌不同产品间的前车灯设计

不同产品间具有不同的表征，差异较大，因此不适合进行统一化设计。

通过研究若干典型品牌 SUV 产品族，发现不同品牌的 SUV 侧面轮廓线设计必然不同。即使属于同一品牌家族，各独立车型间由于整车尺寸、车型定位、设计风格等因素的差异，其轮廓线均展现出特有的外形样式，以 Jeep 品牌的 SUV 产品外形设计为例，如图 2-27 所示。图中牧马人 Rubicon 和指南者同属于 Jeep 品牌，但两者侧面外形差异很大：牧马人的轮廓线较为方正，前窗倾角接近 90° 直角，整体风格较为硬朗；而指南者轮廓线较为圆润，前窗倾角则较大，风格偏向流线型。另一方面，即使在同一产品线中，不同的型号的产品，如牧马人 Rubicon 四门版和两门版，虽然两者设计风格一致，但具体形状也由于尺寸和车门数量不同的原因导致轮廓线形状存在差异。

因此，SUV 的侧面轮廓线可视为个性化外形基因，塑造出不同车型间的差异化视觉形象。

图 2-27
不同车型的侧面
轮廓线设计

综上所述，可以将上述三类外形基因在产品族应用时的表现规律总结成图 2-28。通用型基因在所有产品中均保持一致形态；可适应型基因在同一类型产品线中保持一致，但产品线间各不相同；个性化基因在所有产品中均不相同。

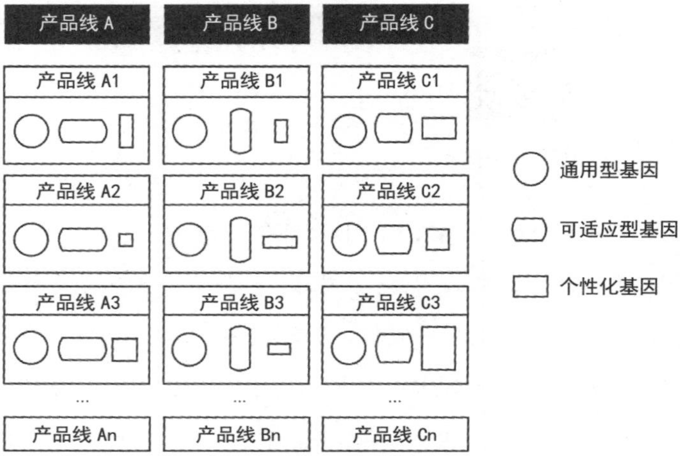

图 2-28
产品族中的外形
基因层次

由于通用型基因和可适应型基因在系列产品中具有遗传特性，两者可统称为继承型基因。

基于上述三个基因层次，某产品族 PF 所含的全部基因集合可表示为：

$$PF = \{CGene_i \cup AGene_j\} \cap \{IGene_k\}, \quad i, j = 1, 2, \cdots m, \quad k = 1, 2, \cdots n; \qquad 公式（2.1）$$

在公式 2.1 中，$CGene_i$ 表示某通用型基因，$AGene_j$ 表示某可适应型基因，m 表示产品族 PF 中具有继承特性基因的总量；$IGene_k$ 表示某个性化基因，n 表示产品族 PF 中的每个产品所特有的个性化基因总量。

在产品族外形基因的进化过程中，由于基因的遗传变异性质，基因将会产生某种变异。基因的变异程度记为基因变异值 θ，$\theta \in [0, 1]$。θ 趋于 0 时变异渐小，基因稳定性渐强；反之，θ 趋于 1 时变异增大，基因稳定性减弱。同时，在进化过程中，外界环境的变化会对基因进行优胜劣汰的寻优选择。影响基因选择的外界情境因素记为 ϕ，ϕ 与消费者需求、市场环境、商品价格、生产成本、制造工艺、社会现状等时代因素有关。

对于产品族 PF 中的任意产品 P_i，个性化基因 $IGene$ 由于外界情境基因 ϕ 发生变化，在进化过程中不断变异，产生新的子代；而继承性基因 $CGene$ 和 $AGene$ 则执行着遗传效应，在产品族的进化中保持相对稳定的形象。若有由进化所得的 x 个新产品 NP_i 形成的子代产品族 NPF，则 NPF 可表示为：

$$NPF = (NP_1, NP_2, \cdots, NP_i), \quad i = 1, 2, \cdots x; \qquad 公式（2.2）$$

其中，新产品 NP 所包含的基因则可表达为：

$$NP^k = P_i^k (1 + \theta_i^k \sum_{j=1}^{m} \phi_j^k), \quad k = 1, 2, \cdots n; \qquad 公式（2.3）$$

其中，基因 ϕ_j^k 表示第 j 个外界情境基因对第 k 个基因的影响强度，θ_i^k 表示产品 P_i 第 k 个基因的变异值。

4. 产品族外形设计 DNA 的应用

产品族外形设计 DNA 对规划品牌产品族的视觉形象具有重要的意义，是产业界和学术界共同关注的热点问题。

（1）产业界

在产业界，许多国际知名企业非常重视产品族形象的建立，并提取了自己的设计基因，如苹果、三星、摩托罗拉、IBM 以及 Alessi 等。

汽车作为外观风格特征强烈的工业产品，设计基因已广泛应用在实际设计中。例如韩国现代汽车欧洲设计中心首席设计师托马斯·伯克尔从流体几何形象及固体雕塑刻画中获得了启示，提出了"流体雕塑"概念，并将这种设计元素作为现代汽车的产品族设计基因，大量应用在汽车外观线条和内部元素设计中，使汽车充满流线感、豪华感与未来感。其他著名汽车品牌也都各自具有高识别性的设计基因，如大众的"大嘴式"进气格栅设计，宝马的"双肾形"进气格栅设计，别克的"直瀑式"进气格栅设计，起亚的"虎啸式"前部设计等都早已深入人心。

（2）学术界

学术界，产品族设计基因理论的主要内容围绕基因的提取和表达展开。罗仕鉴等人进行了一系列设计基因相关的研究，构建了面向工业设计的产品族 DNA 设计框[15]，提出了基于情境的产品族设计风格 DNA 研究方法[16]，基于产品族本体知识表示模型[17]，以及基于视觉－行为－情感的产品族设计基因识别方法[18]等，形成了较为全面的理论体系。并分别以电话机、叉车、眼镜、绣花机等产品为例，对方法进行了验证，分别构建了计算机辅助设计系统，为产品的快速设计和知识工程提供了方法学指导。

其他国内外学者也从各种角度对产品族设计基因进行了研究，如：Karjalainen 等以丰田[19]和沃尔沃[20]汽车的设计基因为例，对从品牌认知到产品造型的转化过程进行了一系列研究[21~25]；Bemsen 在其专著中详细阐述了摩托罗拉手机设计基因的提取、表达与应用过程[26]；朱上上等人提出了支持产品视觉识别的产品族设计 DNA 研究方法[27]，并运用在健康磁疗沙发的产品族快速设计中。

本章注释：

❶ P. Clements，L. Northrop. Software Product Lines：Practices and Patterns[M]. Addison-Wesley Professional，2001，3rd edition.

❷ S.B. Shooter，T.W. Simpson，S.R.T. Kumara，R.B. Stone，J.P. Terpenny. Toward a Multi-Agent Information Management Infrastructure for Product Family Planning and Mass Customization[J]. International Journal of Mass Customization，2005，1（1）.

❸ 朱上上，罗仕鉴，应放天，何基. 支持产品视觉识别的产品族设计 DNA[J]. 浙江大学学报（工学版），2010，44（4）：715-721.

❹ 罗仕鉴，朱上上，应放天，何基 . 基于视觉 – 行为 – 情感的产品族设计基因 [J]. 计算机集成制造系统，2009, 15（12）: 2289-2295.

❺ 乐万德，余隋怀，王可等 . 支持工业设计的产品族结构模型研究 [J]. 计算机集成制造系统，2004, 10（9）: 1062-1066.

❻ 朱斌，江平宇 . 面向产品族的设计方法学 [J]. 机械工程学报，2006，42（3）: 1-8.

❼ 李中凯，谭建荣，冯毅雄，等 . 基于多目标遗传算法的可调节变量产品族优化 [J]. 浙江大学学报（工学版），2008，42（6）: 1015-1020，1057.

❽ KARJALAINEN Toni-Matti. Semantic Transformation in Design: Communicating strategic brand identity trough product design references[M]. Julkaisut: Taideteollinenkorkeakoulu, 2004.

❾ JENS Bernsen. Bionics in action: The design work of Franco Lodato, Motorola[M]. Denmark: StoryWorks Aps, 2004.

❿ KARJALAINEN, Toni-Matti. When is a car like a drink? Metaphor as a means to distilling brand and product identity[J]. Design Management Journal, 2001, 12（1）: 66-71.

⓫ SUSAN Sandeson, MUSTAFA Uzumeri. Managing product families: The case of the Sony Walkman[J]. Research Policy, 1995, 24（5）: 761-782.

⓬ 台立钢，李治，钟廷修 . 面向对象表达产品族实例知识的智能化快速设计 [J]. 计算机工程，2006, 32（3）: 236-239.

⓭ 镇璐，蒋祖华，孟祥慧 . 基于进化的产品平台参数规划方法 [J]. 上海交通大学学报，2006，40（5）: 818-821.

⓮ 王爱民，孟明辰，黄靖远 . 聚类分析法在产品族设计中的应用研究 [J]. 计算机辅助设计与图形学学报，2003，15（3）: 343-347.

⓯ 罗仕鉴，朱上上，冯骋 . 面向工业设计的产品族设计 DNA 研究 [J]. 机械工程学报，2008, 7.

⓰ 罗仕鉴，翁建广，陈实 . 基于情境的产品族设计风格 DNA[J]. 浙江大学学报 : 工学版，2009, 6:1112-1117.

⓱ 罗仕鉴，朱上上 . 工业设计中基于本体的产品族设计 DNA[J]. 计算机集成制造系统，2009,15(2):226-233.

⓲ 罗仕鉴，朱上上，应放天，何基 . 基于视觉 – 行为 – 情感的产品族设计基因 [J]. 计算机集成制造系统 ,2009, 15(12):2289-2295.

⓳ T.M.Karjalainen. It Looks Like a Toyota: Educational Approaches to Designing for Visual Brand Recognition[J].International Journal of Design, 2007, 1, 14.

⓴ T.M. Karjalainen. When is a Car Like a Drink? Metaphor as a Means to Distilling Brand and Product Identity[J]. Design Management Journal, 2001, 12 (1): 66-71.

㉑ T.M.Karjalainen. It Looks Like a Toyota: Educational Approaches to Designing for Visual Brand Recognition[J].International Journal of Design, 2007, 1, 14.

㉒ T.M. Karjalainen. When is a Car Like a Drink? Metaphor as a Means to Distilling Brand and Product Identity[J]. Design Management Journal, 2001, 12 (1): 66-71.

㉓ T.M. Karjalainen, Snelders, Dirk . Designing Visual Recognition for the Brand[J]. Journal of Product Innovation Management2010, 27 (1): 6-22.

㉔ T.M.Karjalainen. Semantic Transformation in Design: Communicating Strategic Brand Identity through Product Design References[M]. Julkaisut: Taideteollinenkorkeakoulu, 2004. Helsinki, Finland: The University of Art And Design Helsinki, 2006.

㉕ T.M. Karjalainen. Strategic Brand Identity and Symbolic Design Cues[C]. 6th Asian Design. International Conference. 2003.

㉖ J.Bemsen.Bionicsinaction: The Design Work of FrnacoLodato, Motorola[M]. Denmark: Story Works, 2004.

㉗ 朱上上，罗仕鉴，应放天，何基，支持产品视觉识别的产品族设计 DNA[J]. 浙江大学学报 (工学版)，2010, 44(4): 715-721.

第 3 章
设计符号学与产品族设计 DNA

3.1 符号学与设计符号学

3.1.1 符号的概念

符号（Symbol）指某种具有代表意义的标识，是信息的载体，是人类认知活动的方法和途径。人类文明不断发展的过程中，创造符号，使用符号，并使得符号世界日渐完善和丰富。符号不仅可以指称事物，还可以表达情感和观念等，人类依靠符号实现沟通与交流，如语言、文字等。

从广义的角度来看，我们生活在一个符号的世界，任意一个事物包括我们人类自己都可能被符号化。人类的认知过程，便是将整个世界符号化的过程（图3-1）。

图3-1
生活中的符号

3.1.2 符号学

符号学（Semiotics 或 Semiology）自19世纪以语言学为源头出现，是一门研究由符号实现传达或者意指作用的综合性学科，主要研究符号的意义、发展、规律以及符号与人类活动之间的关系等，并将其运用到越来越多的领域，如心理学、信息科学及社会学等。

1. 符号学的发展

关于符号学的研究，最早可以追溯到我国的先秦时代，庄子在《外物篇》中所说："言者之所以在意，得以而忘言。"此处，庄子所表达的意思是：语言是能够表达意指的工具（符号），理解了意指以后便不需要再关注言辞了。而在西方，欧洲中世纪初期，奥古斯丁给出了清晰的符号定义：符号使我们想到在符号加诸感觉的印象之外的某种东西 ❶。指出了符号只是方便表达的一种媒介，它所指的对象才是意指的内涵。随后，基于结构主义语言学、逻辑学、文化哲学及美学这三种学术领域的探索，现代符号学应运而生。

（1）索绪尔的符号二元论

瑞士哲学家、语言学家索绪尔于 1894 年提出了符号学的概念。他指出："语言是一种表达观念的符号系统，因此，可以比之于文字、聋哑人的字母、象征仪式、礼节形式、军用信号，等等。因此，我们可以设想有一门研究社会生活中符号生命的科学；它将构成社会心理学的一部分，因而也只是普通心理学的一部分；我们管它叫符号学 ❷"。索绪尔将符号分为能指和所指两个层面，能指是符号的呈现形式，如文字、不同形状的图标等；所指是符号背后的含义，如文字的意义、图标所代表的程序等。

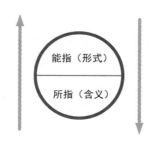

图 3-2
符号的所指与能指

（2）皮尔斯的符号学理论

逻辑学方面，美国实用主义哲学家皮尔斯在对意义、表征和符号概念的逻辑学研究的基础之上，提出构成符号的三个要素：媒介物、指涉对象和解释。并根据符号与指涉对象的关联，将符号分为三种：图像符号、标识符号和象征符号。例如照片是典型的图像符号，照片内容是对指代对象的写实或摹仿，符号与指涉对象有极大的相似性；Logo、站牌等符号与指涉对象具有极强的因果关系或者内在联系，这种标识标记属于标识符号；象征符号则是建立在人类文明发展及不同文化背景等因素的影响下而约定俗称的，符号跟指涉对象之间并没有因果及相似关系，如红色代表热情、危险；橄榄枝代表和平友好等，又如手语及一些手势、表情等都是在人们普遍接受之后形成象征符号。皮尔斯的理论具有普适性，适用于任何领域，因此又被称为"广义符号学"。

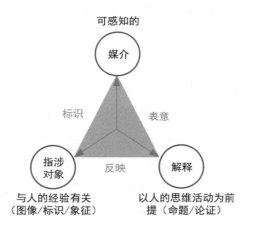

图 3-3
皮尔斯的符号三元关系

（3）莫里斯的行为主义符号学

C·W·莫里斯，另一位从逻辑学和语义学角度来探索符号学的美国哲学家，他是索绪尔的追随者之一，并在索绪尔研究的基础上发展出了第一套真正的符号学术语。他认为符号的本质在于，符号化的过程是一种人类行为。他的最大贡献是将符号学的研究划分为语构学、语义学和语用学三个学科（图 3-4）。

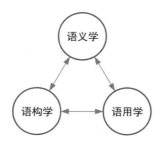

图 3-4
莫里斯的符号学划分

语构学: 研究符号构成要素之间的结构关系, 或者说符号能指和所指的相互关系, 而不涉及符号的具体含义;

语义学: 探讨符号所要传达的含义;

语用学: 对于符号的理解及应用。

2. 符号学中符号的定义

在符号学的系统化定义中, 张宪荣教授指出, 符号学所指的符号必须满足以下条件:

（1）所指和能指的双面体。首先, 符号必须具有表现层面, 通过一定的"符号表现"达到让接受者可感知的目的, 也称为"符号形式", 即能指; 同时符号需要被赋予一定的意义和内容, 这个内容层面是抽象的、不可感知的, 成为"符号内容", 即所指。

（2）人为创造物。成为符号, 必须是人类在进行传达或意指活动的过程中所创造出来的产物。例如, 语言就是为了实现传达而被创造出来, 因此语言才成为了符号的一种。

（3）必须构成独立于客观世界的系统。一个独立于客观世界的符号系统, 在主观思想和情感的表达, 以及客观信息的传达中, 能够不借助任何客观世界的事物就能完整实现（图3-5）。张宪荣教授在书中指出:"只有各种形同符号的东西确实相互依存成为系统的一个组成部分时, 它们才真正成为符号。只有能构成一个完整的系统, 才能构成一个完全独立于客观世界的虚拟世界、一个符号的世界❸。"

图3-5
一些符号举例

3.1.3 设计符号学

设计符号学, 顾名思义就是将符号学原理引入到设计中, 通过赋予设计的形态要素以功能、意义、理念等, 融入到设计客体中, 使产品在满足其功能的基础上体现出更多的文化内涵及设计价值，继而通过使用者的认知来理解设计师所要传达的情感和意义。

设计是人类社会生产实践的产物。从设计符号学的角度来看，我们的生活环境不仅仅是一个物理环境，更像是一个人类创造的符号环境。设计符号学中，所有设计产物都被视为一种符号，都体现了其能指（设计表现）与所指（设计内涵）的统一❹。

符号学的思想最先被运用于建筑设计，并促进了后现代主义建筑的兴起。乌尔姆造型设计学院马克斯，最早开始工业产品符号学的研究。近年来，通过融合认知心理学、社会学等学科知识，设计师通过运用符号学的原理及方法进行产品创新设计，逐步形成了特定的设计符号学思维。将符号化意识融入到工业设计中，让设计说话，让产品说话，必将使工业设计专业和制造业都提升到一个新的高度。

目前，设计领域的符号学研究主要集中在产品设计的符号学、环境设计的符号学和视觉设计的符号学三类（图 3-6）。

图 3-6
设计符号学的应用

3.1.4　产品符号

产品符号可以简单理解为产品的外在表现形式或者说造型因素，如外形、色彩、结构、质地、界面等消费者可以感知的要素符号，这些符号要素通过一定的规则进行构成，进而对人的视觉、触觉和听觉等产生刺激。

而产品背后的故事，表现了产品设计的信息来源，它有可能是从已有产品中传承而来，也可能是市场需求，也可能来源于设计师的奇思妙想。这个层面主要表现的是产品的价值体现及设计师想要表达的内涵。

简单来说，产品的设计过程便是一个将设计要素进行符号化的过程，即将一定的产品设计信息通过一定的设计规则，转化为实际的消费者能够理解的设计成果。在实际的设计过程中，消费者对于产品的理解往往又会成为产品设计信息的来源，对产品的设计进行反馈影响。

产品符号可以分为形态符号、材质符号和色彩符号等三个部分。

1. 产品的形态符号

形态是产品一切信息的载体，是产品外形表达最重要的要素，是设计师与用户进行沟通的重要桥梁。产品的形态设计是设计师通过不同的造型语言（如点、线、面、体等），对产品的结构、空间等进行形态表达的过程，同种产品可以有多种不同的形态表达方式，如图 3-7 所示，同样是电饭煲，产品的形态却千差万别。不同的产品形态主要表现为不同的比例、线条及空间关系等，会给人以不同的视觉体验。

图 3-7
不同的电饭煲造型

同时，形态符号同所有设计符号一样，兼具实用与审美功能。形态符号受语构学的制约比较强，设计师可以利用符号的一些语构学规则来很好地帮助传达产品的语义学含义，帮助用户更好地感知产品的实际意义。如将产品设计中的小部件如旋钮、按键、指示灯作为点来处理，通过空间排布实现呼应及视觉平衡等效果；如用上扬的腰线来表达车的动感、速度感等；光滑曲面塑造流畅感，立体切面营造硬朗的感觉，等等。

通过形态符号构成具有象征功能的产品主体，传达出产品的内涵语义。通过消费者对形态符号意指的实用价值及其象征价值的认知，进而形成价值认同。这对企业来说尤为重要，设计师在进行产品设计时，将品牌所要传达的功能、内涵、情感等因素转化为产品的形态要素，为用户传达特定意象，最终获得设计认同。

2. 产品的材质符号

现代产品设计无论最终采用什么样的形态，它都需要通过一定的材质来呈现，如金属、塑料、木材、皮革、玻璃，等等。"材"指材料，是构成产品的物质基础，如木材、金属等；"质"指材料的质感或质地，是材料本身或通过一定工艺加工处理后最终可摸可感的肌理特点。不同的材质给人以不同的感觉，用户通过触觉、视觉等综合感受材质所传达出的硬度、平滑度、温度等信息，通过一定的联想引发一定的心理感受。如图 3-8 木质的灯体给人清新、自然、典雅、田园、温暖等感觉；而金属材质会让人产生科技感、现代、耐用、冰冷等感觉。

图 3-8
不同材质的灯具
设计

除此之外，由于材质本身的物理与化学特性，在长期的使用过程中也形成了一定的语义规则，用以提示产品的操作方式等，如手持工具的把手大多采用了橡胶材质，除了安全需要，并给人以柔软、防滑、舒适等感觉之外，也很好地暗示了手持区域，符合人们的习惯认知。

另外，材质的获取及加工的难易度也能引发一定的心理效应，传达品质感、价值感等语义，从而向消费者传达产品及品牌的象征价值，如 Apple Watch（图 3-9）通过对表带、表盘等分别采用不同的材质划分出了十几个款型，不得不让人去联想每一款型的质感、触感以及思考每一款型适合的人群、场合等。

图 3-9
不同材质的
Apple Watch

3. 产品的色彩符号

色彩是由人们的眼睛、大脑、生活经验、记忆和视觉敏感度等综合形成的对可见光的视觉体验。色彩符号是产品符号非常重要的构成部分，是影响用户感性认知的重要因素，色彩符号与产品形态及材质符号相互协同的同时，其本身也有着重要的功能及象征价值。

不同色彩给予用户不同的视觉和心理感受，同一色彩也会因为用户不同的经历与文化背景导致引发的用户认知有所不同，如色彩的冷暖感、轻重感等。色彩具有极强的辨识度与情感意味，通过物理性的刺激导致用户的联想、回忆等心理效应，如橙色、黄色等比较明快，容易使人想到橙子、阳光等事物，令人感到兴奋、温暖、活泼，因此儿童产品设计多会采用明亮的色彩；而蓝色、绿色会让人想到大自然，从而感到洁净、平和等，所以医疗及清洁用品等多会采用这种色系（图 3-10）。

图 3-10
不同色彩及产品

色彩符号在我们的日常生活中得到了广泛的运用，一些约定俗成的内涵语义也被大家所熟知，如红色表示危险，黄色传达警告，绿色表示安全等，这些都是设计师在配色过程中需要留意的（图 3-11）。

图 3-11
不同色彩在生活
中的应用

设计符号学从语意、语构、语用和语境四个维度对设计符号进行解读。语意顾名思义指符号所表达的意思、情感，语构反映符号元素表现形式及结构关系，语用指对符号的理解与使用，语境则意为使用环境和状态。

以一个主页图标的设计为例进行解读说明，如表 3-1 所示。图标主体元素根据功能的需要，通过单一或组合形式的图形元素传达语意；辅助元素与视觉样式起到统一图标风格的作用，对功能语意的传达影响较小；根据设计师的审美要求，对图标进行润色并得到最终方案；用户的思维模式与文化背景（语用维度）在设计过程中对图形元素、视觉风格的选择等起约束作用。

基于设计符号学的图标设计解构实例　表 3-1

图标设计方案	语意	语构	语境	语用
主页图标	房屋、客厅、基地等	由单个房屋与圆形背景组成	统一的圆形背景、水晶风格	用"房屋"表示"主页"功能，符合用户的思维模式与联想逻辑，不存在文化差异
	实物映射	图标构成		

设计符号学将产品分为语意、语构、语用和语境四个维度，反映产品本体的形态、色彩、材质、纹理、功能、结构、性能、情感等的同时，解读产品背后的内涵，如文化、

艺术、社会、故事、情境等。设计符号学符合设计师的思维模式、设计程序和手段，被广泛应用于产品创意设计中。

3.2 符号学创新设计体系

在前人对符号学的研究，尤其是莫里斯将符号学分为语义学、语构学、语用学三个部分的理论基础上，融合认知心理学、社会学等多学科的理论和知识，设计符号学的研究有了一定的进步，发展出了一套通用的基于符号学的产品创新设计理论与体系，用以指导创意设计。

符号学的创新设计体系，基本概念如下：对设计符号元素进行提取，并从语意、语构、语用和语境 4 个维度进行设计符号的符号学解读，然后基于符号学的原理将设计元素进行转化与再造，最后进行设计评价的整个过程，被描述为符号学的创新设计体系，如图 3-12 所示。

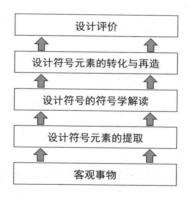

图 3-12
符号学的创新设计体系

以文物元素的设计再造研究为例，描述一下创新设计体系。

文物是人类宝贵的历史文化遗产，蕴含了大量的历史、文化和艺术等知识，通过对这些知识如工艺流程、文化背景、功能使用、造型装饰等的学习和解析，深入了解其背后的故事、内涵及意义，可以激发设计师的创作灵感，增加产品设计的文化内涵。因此，文物是创意设计过程中非常有用的设计资源。

但是由于文物资源较为分散，藏于各个博物馆之中，缺乏相互的关联；同时文物种类繁多,这里仅以器物为例(器物,原指尊彝之类,后为各种用具的统称,是我国文物的典型代表),整个研究过程主要包括文物设计知识解读、基于设计符号学的文物元素提取、面向创意设计的文物元素知识库构建和文物元素再造等四个层次。具体研究流程如图 3-13 所示。

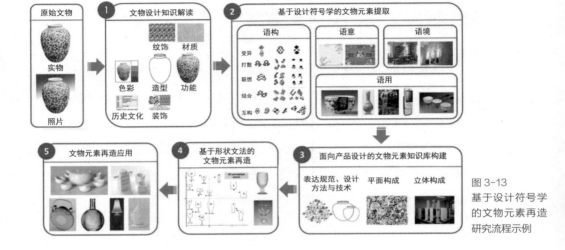

图 3-13
基于设计符号学
的文物元素再造
研究流程示例

3.2.1 文物设计知识解读

原始的器物历史资料所描述的器物本体知识专业复杂,需要在文物专家的解释和翻译下,才能形成可供设计师利用的设计知识,如图 3-14 所示。

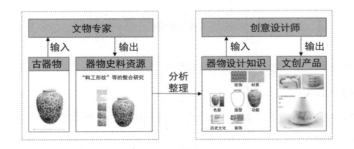

图 3-14
面向创意设计的
器物知识的形成
与应用

面向创意设计的器物知识需要对各种考古资料和报告进行综合分析,再根据设计领域的特点,从设计学的角度进行结构化整理,形成器物的历史文化信息、造型、功能、色彩、装饰等设计知识。

为了全面展示一件器物，有助于设计师开展创意产品设计，器物本体知识需要包含器物的基本信息和其所包含的文化内涵及象征意义，如图 3-15 所示。

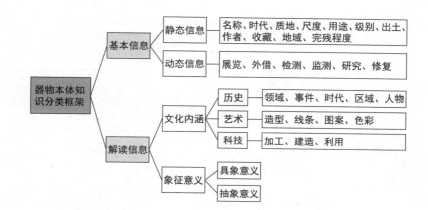

图 3-15
器物本体知识的
分类框架

通过一系列感性工学实验确定设计师对于器物认知的维度，形成器物设计知识的分类框架，如图 3-16 所示。

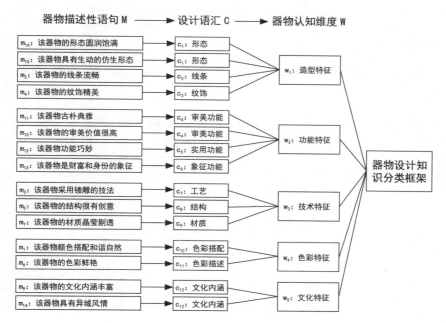

图 3-16
器物设计知识的
分类框架

在上面两个研究结果的基础上，集结专家团队，包括文博、计算机和设计领域的专家通过迭代式专家研讨会的形式，完成面向创意设计的器物知识分类，共分为基本信息、造型知识、功能知识、技术知识、文化知识五大类，包含 22 个小类。如图 3-17 所示。

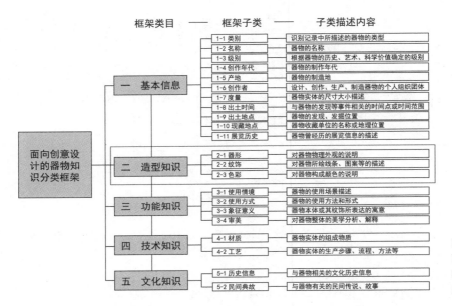

框架类目　──　框架子类　──　子类描述内容

面向创意设计的器物知识分类框架

一　基本信息
1-1 类别	识别记录中所描述的器物的类型
1-2 名称	器物的名称
1-3 级别	根据器物的历史、艺术、科学价值确定的级别
1-4 创作年代	器物的制作年代
1-5 产地	器物的制造地
1-6 创作者	设计、创作、生产、制造器物的个人或组织团体
1-7 度量	器物实体的尺寸大小描述
1-8 出土时间	与器物的发现等事件相关的时间点或时间范围
1-9 出土地点	器物的发现、发掘位置
1-10 现藏地点	器物收藏单位的名称或地理位置
1-11 展览历史	器物曾经历的展览信息的描述

二　造型知识
2-1 器形	对器物物理外观的说明
2-2 纹饰	对器物所绘线条、图案等的描述
2-3 色彩	对器物构成颜色的说明

三　功能知识
3-1 使用情境	器物的使用场景描述
3-2 使用方式	器物的使用方法和形式
3-3 象征意义	器物本体或其纹饰所表达的寓意
3-4 审美	对器物整体的美学分析、解释

四　技术知识
| 4-1 材质 | 器物实体的组成物质 |
| 4-2 工艺 | 器物实体的生产步骤、流程、方法等 |

五　文化知识
| 5-1 历史信息 | 与器物相关的文化历史信息 |
| 5-2 民间典故 | 与器物有关的民间传说、故事 |

图 3-17
面向创意设计的器物知识分类框架

对于设计师来讲，在运用文物知识进行设计创意的时候，除了了解器物背景知识如文化背景、功能等，最重要的是对其造型知识的解读与学习，这些都是设计师需要掌握的设计要素。

由于文物元素比较特殊，设计师需要在设计符号学的理论指导下，借助一定的技术手段，对文物造型元素进行素材提取和元素分析，分析其符号学特征，再转化为产品的形态设计要素（图 3-18）。

借助计算机技术和一定的设备，将文物信息通过扫描、拍摄等手段获取后，采取提取、分离、合成、建模等手段，得到文物素材，研究视觉要素（二维图形、三维图形、色彩、纹理等）、触觉要素（材质、肌理）与意象要素（指向、语意、历史内涵）等创意设计要素的表达规范和标准；针对视觉要素中包含的器物二维图案、三维模型、色彩纹理等要素，使用基于图形分割、3D 模型的剪裁与变形等技术进行提取；对于触觉要素中的材质肌理等要素,利用高动态范围HDR获取和BRDF数据采集技术进行提取、分析与研究;对于意象要素,分析与提取器物中语意等方面的创意要素。研究视觉要素、触觉要素与意象要素等创意设计要素的表达形式,并按照设计师的创意设计习惯进行分析与整理。

图 3-18
文物造型知识中
设计符号元素提
取示例

实物图片　　　　　　纹饰与图形

3.2.2　基于设计符号学的文物元素提取

设计符号学将产品分为语意（包含的意思、情感）、语构（结构关系）、语用（理解与使用）和语境（所处环境与状态）四个维度,基于设计符号学,从这四个维度对文物元素进行深度解读和发掘,解读模型如图 3-19 所示。

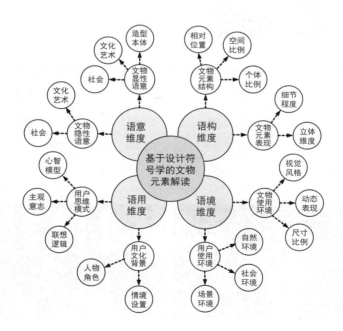

图 3-19
基于设计符号学
的文物元素解读
模型

语意维度：包括文物的显性语意和隐性语意。显性语意从造型本体反映文物基本的功能、文化、艺术、社会价值，容易被复制和传播；隐性语意从隐喻角度深度地解释文物背后所蕴含的文化、艺术、社会价值，难以发掘和传承（图 3-20）。研究文物元素的语意维度，需要将文物背后的隐性语意通过显性化手段表现出来，增强现代产品的理解力和传播力度。

语构维度：研究文物元素的构成关系，包括文物元素结构关系与文物元素表现形式。首先确定文物元素的空间位置、布局、结构和比例；其次，确定文物元素的表现形式（包括视角、比例、精致程度）；当处理包含多个因素的文物元素时，更要研究各元素之间的结构关系。研究文物元素的语构，通过解构、组合、打散、联想、发散、重构等手段，有助于设计师快速地将文物元素应用于现代产品设计中。

图 3-20
文物的外形提取

语境维度：包括文物使用环境以及用户使用环境等。文物的使用需要与生活、工作、休闲等环境相配合，包括视觉风格、动态表现、尺寸比例等。用户使用环境包括承载文物的场景、自然环境（如光线、温度、适度、噪声等）以及社会环境（历史、文化、生活形态等），它需要研究文物是在什么特定的历史情境下被设计、制造和使用的，对现代产品设计有何借鉴意义（图 3-21）。

图 3-21
如瓷器使用的不同语境（如餐厅餐具、客厅摆件或花瓶）

　　语用维度: 包括用户的思维模式和用户文化背景。文物在过去某个时间段是在一定的环境下被人"使用"的,而文物元素再造需要解读这一"使用"背后的故事,发掘文化内涵。语用维度要研究设计、制造、使用这一文物的用户特征,包括社会的、文化的、历史的背景等,有助于提升再造产品的文化价值,提升认知度。如图 3-22 中不同朝代的酒壶造型,虽然文化各异,但细口径、长颈壶嘴、把手等设计元素均被认同为盛茶或酒的容器范畴。

图 3-22
不同时代背景下
的酒壶造型

a 北宋湖田窑薄胎　　b 清代珊瑚红八宝纹　　c 大明嘉靖年制粉彩酒壶　　d 明青花刻花温酒壶
　小执壶

3.2.3　面向创意设计的文物元素知识库系统构建

　　在面向创意设计的器物知识分类框架的基础上,构建面向创意设计的器物知识库系统,以实现共性支撑技术、基础素材知识库、产品创新设计理念的有效集成。

　　系统采用 B/S 架构,基于 Structs2.0 框架,使用流行的 MyEclipse10.0 开发环境,数据库使用 Microsoft SQL Server 2012,用 jsp+servlet 完成开发,通过浏览器和服务器进行数据交换,对器物信息资源进行增删和改查;同时,基于用户的偏好习惯,形成一套适用于器物知识的快速检索技术,满足文化创意设计产业的需求。

　　系统通过对器物知识进行解读、整理和入库,保证能够提供丰富和权威的器物知识,为器物知识浏览、检索以及设计应用提供支持与服务,系统界面如图 3-23 所示。

图 3-23
知识库系统展示
首页

　　首页包括器物知识分类展示及关键词检索。如图 3-23 所示，主界面左侧栏提供器物分类显示，用户可以根据喜好或者设计任务需求，选择检索浏览。关键词检索可以是具体的描述器物信息的词汇如青花瓷，也可以是感性的、模糊的描述设计信息类的词汇如喜庆的、简洁的，等等。如图 3-24 是输入"吉祥"关键词之后的检索界面，在这个界面的基础上还可以通过对"时代"和"颜色"条件进行深入检索。

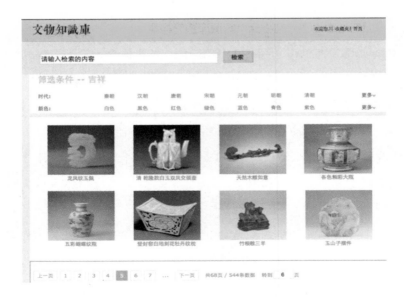

图 3-24
系统关键词检索
界面

点击具体的器物图片，即可进入器物知识的展示界面，如图 3-25 所示，用户可以浏览该器物的基本信息及详细的造型、功能、技术及文化等知识的详细解读信息，设计师可以根据设计需求对这些器物的详细信息进行分析与理解，并进一步通过设计符号学对其进行语意、语构、语用和语境等设计方面的解析，运用于后面的文物元素再造，实现基于文物元素的创意设计。

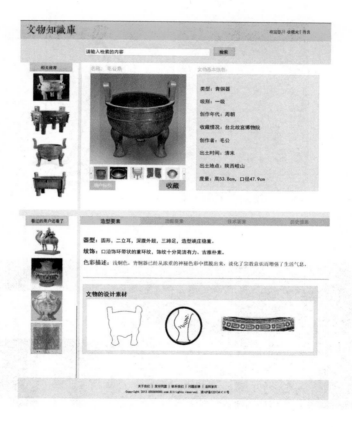

图 3-25
器物详情页面

3.2.4　面向创意设计的文物元素素材库构建

前面我们论述了对文物中设计素材的提取、整理与分析，实际操作中需要根据不同的分类和特点针对性地进行视觉要素如二维图案、色彩、纹理等以及意象要素的提取和表达。以针对壁画的视觉要素（形状和颜色）提取为例：可以通过图像增强、聚类、边缘提取、平滑、细化及矢量化等技术，对知识库提供的文物素材的感兴趣区域进行处理与提取表达工作；借助计算机的图像处理技术，即视觉显著性进行分析、表达，找出文物作品的主体部分，再附加文物背景知识的权威解读，就可以充分表达其自身意象，为设计师提供灵感。图 3-26 中上图和下图分别为对壁画形状及颜色的提取。

（上）整体提取

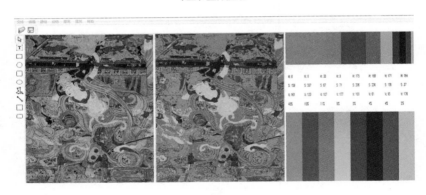

（下）壁画主要颜色提取

图 3-26
壁画元素提取

　　在提取、整理与分析工作的基础上，构建设计素材库，将整理的素材进行录入，以方便检索和使用。素材库重点突出素材本身的形态描述、纹理特征、颜色搭配等信息，与此同时，还会提供文物的链接，帮助设计师追溯文物本体所蕴含的更加丰富的历史信息，辅助设计师对素材意象要素更深层次的理解，有助于进一步激发设计师的创作灵感。

　　我们最终将知识库和素材库等进行了集成，构建了基于文物素材的创意设计集成平台（图3-27），使设计服务平台能够打通知识、素材到产品之间的服务链，最终实现将文物知识、设计素材等服务于公众。

图 3-27
基于文物素材的
创意设计集成平
台（测试版）

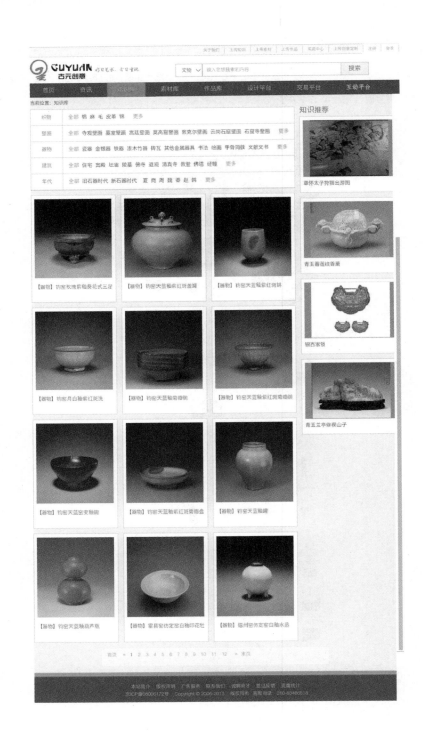

图 3-28

基于文物素材的
创意设计集成平
台下的知识库模
块（测试版）

3.2.5 文物元素再造

图 3-29 中组一同为梅瓶，却因文化、艺术风格、工艺等影响呈现出了不同的外形、纹理与比例结构；而组二为不同的瓶器，其外形及花纹的排布方式、空间结构等均呈现出不同的特点。这些元素如轮廓线、纹饰构成基本形等都需要在设计师的主导下进行提取，构建文物元素再造的基本 DNA 单元。一方面，将 DNA 单元进行变形、拉伸处理；另一方面，通过模式识别，在二维环境下完成 DNA 单元的处理或者再造，如将二维元素转换成三维元素；在 CAD 三维环境下进行参数化建模和特征建模，如拉伸、旋转、变形等，设计生成新的产品，包括上色、纹理映射、渲染等，实现新产品再造。

| a 定窑白釉刻花花卉纹梅瓶 | b 景德镇窑青白釉刻花梅瓶 | c 景德镇窑青花海水白龙纹八方梅瓶 |

（组一）

图 3-29
器物文物

| d 黄地青花缠枝花纹 | e 转心瓶五彩蝴蝶纹瓶 | f 各种釉彩大瓶 |

（组二）

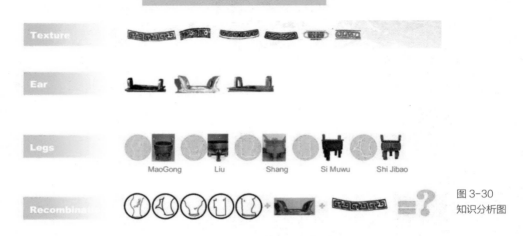

图 3-30
知识分析图

设计草图

设计效果图

图 3-31
设计方案

以上述器物研究为例进一步进行创意设计，如图 3-30 是设计师以"基于鼎文化的茶具"设计为设计目标，对鼎知识进行的整理分析图。面向创意设计的器物知识库系统通过提供丰富的设计资源大大缩短了设计师找寻灵感知识的时间，设计师可以将最终解析的设计素材进一步导入计算机设计软件，辅助产品设计建模，完成创意设计。图 3-31 则为设计师在系统的辅助下以鼎文化为主题开展研究得到的最终设计方案。

由于各类产品特点、属性等各不相同，文物再造的案例仅是一个参考，符号学在不同类别产品的创新设计中的应用还需要更多的研究与探讨。

3.3　设计符号学与产品族设计 DNA

如何对产品设计符号进行提取和编码是基于设计符号学的产品族设计 DNA 的关键。

第 2 章我们已经讲过，产品族设计 DNA 的提取是设计的第一步。在找出构成产品族风格 DNA 的设计元素之后，通过设计符号学的方式进行提取与表达是比较关键的。

产品族 DNA 具有可感知的外在形式，如流线型的车身线条等；同时又包含了所要传达的品牌风格与价值意义，如宝马汽车的运动风格等，是具有所指和能指的符号。因此可以通过设计符号学的方式对产品族 DNA 设计要素进行解读与提取，然后进一步通过形状文法等对产品族 DNA 要素进行分析并进行重新编码构建，衍生出新的设计方案，延续品牌的风格特征。

3.3.1　形状文法的概念

文法（Grammar），又称语法，最早源于语言学范畴，指文章的书写法规，一般用来指字、词、句的编排和组成规律，以及语言中词汇、短语和句子的结构和逻辑。20世纪 50 年代，美国著名语言学家乔姆斯基明确地将语法放在语言学的核心位置，他认为语言是从语法中派生出来的，他提出的转化生成语法即是对语法进行研究，采用现代数理逻辑的形式化的方法，根据有限的公理化的规则和原则系统演绎生成句子，以此来解释人类的语言能力 ❺。他的思想对设计界产生了重要的影响，而他的转换生成语法对形状文法的出现具有非常重要的启发作用。

形状文法（Shape Grammar）由乔治·史汀尼（George Stiny）于 1972 年提出 **❻**，是一种使用带符号的形状作为基本要素，通过分析语法结构，找出隐藏的形状组构规则，并依据这种规则推理产生新的形状。如同我们学了基本的文字和短语，再加上一定的语法知识，便等于掌握了一门语言，便能开始形成语句进行沟通。

根据 George Stiny 对形状文法的定义，可以将其表示为：SG=（S，L，R，I），其中：S 为"形状"的有限集合，如直线段；L 为"符号"的有限集合，用来标记形状以指示形状生成的方向；R 为"造型规则"的有限集合，是对形状进行改变的规定，如举例均以 α → β 的规则方式表达，α 为（S，L）中的一标记形，β 则为（S，L）* 一标记形。I 为"初始形"。

举例如下：S 为"一"的有限集合；L 为"·"的有限集合；初始形 I 为"▢"，造型规则 R 为"▢ → ◈ 规则 1"、"▢ → ▢ 规则 2"。通过这种规则所派生出来的有符号和无符号的形状，如图 3-32 所示。

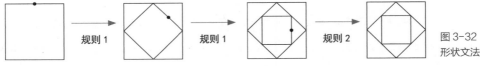

图 3-32
形状文法示意图

设计师可以通过形状文法来指导设计。美国麻省理工学院（MIT）建筑系计算机设计学的公开教材中，对形状文法应用于设计的过程步骤归纳如下：

① 确定基本形状；

② 确定空间关系；

③ 确定规则；

④ 确定形状语言；

⑤ 应用于设计过程。

形状文法的优点在于设计师只要明确了初始状态和语法规则，所有可能得到的设计结果都将包含在形状文法定义的"形状语言"中，设计师再对结果进行进一步的调整，不仅减轻了设计师的工作量，也大大增加了设计的可能性。

形状文法是一种以形状运算为主的推理规则式的设计方法，实际操作过程中是以一定的组构规则对初始形状本身（如产品的外观设计曲线），结合符号（如消费者感性需求/产品定位等）进行形状演变的过程。它能够使产品根据设计师的思想与用户需求，按照一定的规则自动生成新的形状，塑造不同的产品造型设计方案，保持品牌延续性的同时，也能产生新的产品造型方案。

3.3.2 形状文法对外形基因的提取与表达规则

在形状文法的理论体系里，形是首要基本要素，其次是形与形之间的语法组织规则，最后是这种语法组织规则的可计算性。具体运用到产品设计中，可以将复杂的产品外形设计还原为最初的点、线、面的形态符号，也可以从简单的形推演出复杂的形。通过一定的元素和规则，不仅可以通过形状文法的方法进行产品造型的解读，还可以通过一定的规则生成全新的产品造型，完全可以用来指导设计。

形状文法最早被运用于建筑领域，近年来被用于工业设计中，主要有两个方向，一是对现有或者过去的产品造型特征进行分析，提取典型特征；二是在原来产品造型特征的基础上，根据新的消费需求及审美趋势等因素，建立新的规则，如与感性意象之间形成一定的映射关系等，最终演变出新的产品形态。

美国卡内基梅隆大学（CMU）杰伊·麦科马克（Jay P.McCormack）等[7]将这两个研究方向结合起来，借助形状文法，以别克汽车的前脸造型设计为例，将别克汽车前脸的关键造型设计元素进行解构与分析，最终编码成一种可重用的语言，并且生成了与别克品牌一致的汽车前脸造型设计方案。下面我们对此案例进行简单的解析。

麦科马克等对别克汽车不同时期不同风格的汽车前脸造型进行了探讨，将别克汽车的前脸设计分为 13 个代表类型（图 3-33），每个都是一定时期的形态代表。通过对比确定主要的前脸造型形态要素（图 3-34），再通过对产品族发展历史的分析和归纳，提炼和划分具有代表性的形状，并总结出其前脸造型的空间关系和形状规则（图 3-35）。

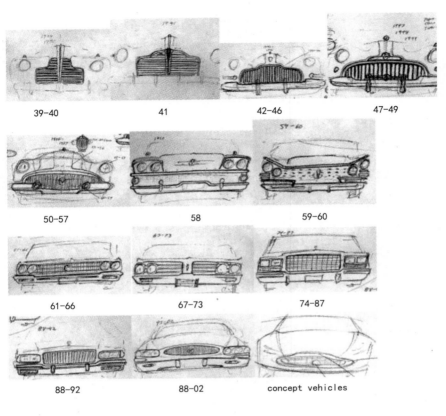

39-40   41   42-46   47-49

50-57   58   59-60

61-66   67-73   74-87

88-92   88-02   concept vehicles

图 3-33
别克汽车前脸造型的 13 个代表车型

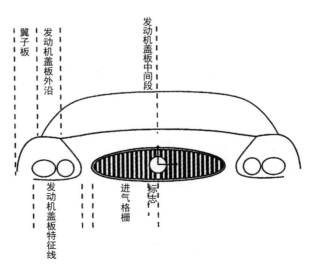

翼子板

发动机盖板外沿

发动机盖板中间段

发动机盖板特征线

进气格栅

标志

图 3-34
别克汽车前脸造型主要形态要素示意

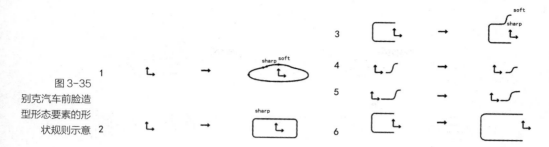

图 3-35
别克汽车前脸造
型形态要素的形
状规则示意

根据以上 Cagan 在对别克汽车前脸造型基因的研究，形状文法主要包括特征原型（Feature Creation）与特征变形（Feature Modification）两种规则，在其他学者的研究中也被称为生成性规则和修改性规则 ❽。

1. 生成性规则

主要包括创建和替换规则，分别指在空白的基础上增加新的基因，和直接用全新的形态替换原有基因两种方式。如图 3-35 中的 1、2 所示意。

2. 修改性规则

指在原有基因基础上，根据具体需求（如客户偏好、时尚潮流、产品线差异等因素）进行适应性的修改，使基因在各种应用场景下表现出不同的样式，体现出基因的变异性质；这也是形状文法运用的关键形状规则，如图 3-35 中 3 ~ 6 图示意。常见的形状文法修改性规则包括贝塞尔曲线（Bezier Curve）和仿射变换（Affine Transform）。

3.3.3 基于形状文法生成产品形态

在分析过别克汽车前脸造型基因的形状规则之后，可以根据具体的设计需求，对形状规则进行应用，形成一定的形态，如图 3-36，便是麦科马克等根据 2002 年的需求，通过 14 个步骤推演出的前脸造型。另外还可以根据个人喜好进行概念产品的设计，以满足个性化的需求，如图 3-37。

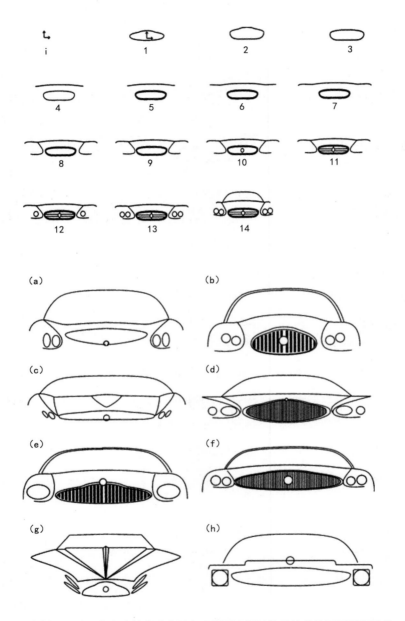

通过案例，运用形状文法的方法来研究产品形态设计符号的优势还是很明显的，不仅有助于帮助企业提取品牌特有的产品族 DNA，同时也可以根据不同的用户需求和设计目标，调整形状组构规则，进而塑造出具有差异化的家族化产品。

本章注释：

❶ 王铭玉 . 语言符号学 [M]. 北京 : 高等教育出版社，2004：13-15.

❷ 费尔迪南·德·索绪尔 . 普通语言学教程 [M]. 北京 : 商务印刷馆，1980：37-38.

❸ 张宪荣 . 设计符号学 . 北京 : 化学工业出版社，2004.

❹ 周煜啸，罗仕鉴，陈根才 . 基于设计符号学的图标设计 [J]. 计算机辅助设计与图形学学报，2012，24（10）：1319-1328.

❺ 杨涛 . 基于形状文法的汽车牵连造型意象重组方法研究 [C]，2009.

❻ Stiny G. Introduction to shape and shape grammar [J]. Environment and Planning B: Planning and Design，1980，7（3）：343-351.

❼ McCormack，Cagan. Speaking the Buick Language：Capturing，Understanding，and Exploring Brand Identity with Shape Grammars[J]. Design Studies，2004，25（1）：1-29.

❽ 卢兆麟，汤文成，薛澄岐 . 一种基于形状文法的产品设计 DNA 推理方法 [J]. 东南大学学报（自然科学版），2010，40（4）：704-711.

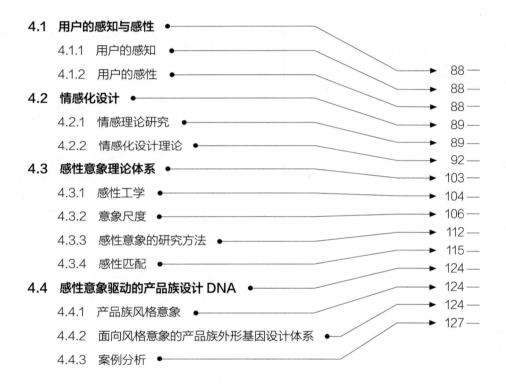

第 4 章
感性意象驱动的产品族设计 DNA

4.1 用户的感知与感性

4.1.1 用户的感知

用户的感知，可以理解为用户的感觉和知觉。感觉是人对事物的某些属性的反应，而知觉是对事物整体属性的反应。没有感知觉，我们就无法了解大千世界的五彩斑斓，任何心理现象也就不会发生。

感觉是获取信息的第一步。人的感官对各种刺激进行觉察，进而转换成神经冲动传至大脑，产生感觉，例如光刺激通过眼睛，引起刺眼、昏暗等感觉。

知觉是人脑对作用于感官的事物的整体认识。知觉源于感觉，是各种感觉的结合，比如我们看到一朵美丽的花朵，花朵的颜色刺激产生色彩感觉，而花这个整体给人心理上的美感知觉。

4.1.2 用户的感性

感性，一般是指外界事物对人的感觉器官产生一定的作用进而形成的感觉。

感性因人的不同感觉器官，可分为视觉、听觉、嗅觉、运动觉等。人们在使用产品的过程中，获取到各种信息，如产品的知识信息（功能、材料等）和感性信息（使用方式等），从而对产品产生直观的认识，引起不同的情感，一般被称为认识的感性阶段（图4-1）。

图4-1
用户对事物的
感知

我们的生活中充满各种各样的产品。物质生活的丰富化与优越化使我们对这些产品不再仅限于功能及品质需求，而是更看重产品所引发的心理层面的需求，包括各个感官层面的感性感知与感受，如"视觉"上看起来舒服，或许是现代的，抑或是简洁的感觉等，"听觉"上听起来舒服，或许是安静的，抑或是震撼的感觉等。

换句话说，在重视感觉和个人感受的新时代，为了使用户接受某一产品，首先要了解用户的感性感知与情感，这需要我们通过一定的测量方法将这些感性需求和数据进行测量，从而进行情感化设计。

4.2 情感化设计

4.2.1 情感理论研究

1. 情感的产生

情感，也可以叫做"感情"，指人的喜怒哀乐等心理表现。

情感是人在认识事物的过程中产生和发展的，反映人对外界环境刺激所产生的态度，如对产品外观设计的喜爱和满意，对刺鼻气味的讨厌等。

现代心理学研究认为，情感的产生由环境时间（刺激因素）、生理状态（生理因素）和认知过程（认知因素）三个条件所制约[1]。其中认知因素是决定情感性质的关键性因素，如图 4-2 所示。美国心理学家阿诺德（M·B·Arnold，1950）认为，对外部环境刺激的评价与估量是情感产生的直接原因。对同一刺激环境的评价和估量不同，就会引发不同的情感反应。

图 4-2
情感的产生

作用于感觉器官的外部刺激　　刺激因素

先前经验的回忆和对当前生理和刺激因素的解释　　认知因素　　评估　　情感

内部器官和骨骼肌的变化　　生理因素

情感是由人们自身的需求和期望来决定的。当需求被满足，达到预期，就会产生愉快的情感；得不到满足和预期的时候，便会产生焦虑的情感（图 4-3）。

图 4-3
人的不同情绪

2. 情感的特征

　　人们情感的产生会因人的认知水平不同而产生差距，也会因为社会环境的不同而引起差异，人类的情感具有两极性和情境性两个特征。

　　（1）两极性：即人们产生的一种情感，通常有一种与其性质完全相反的情感，例如：喜欢和讨厌。而两个极端的情感之间，往往又可以有一系列不同程度和色彩的中间值情感，例如喜欢和讨厌之间可以分为讨厌 - 没感觉 - 感兴趣 - 喜欢，同时两种极端的情感也可以相互转化，例如下面大家再常见不过的图 4-4 这个表情，其官方定义就是破涕为笑，再比如奥运冠军们的喜极而泣，等等（图 4-5）。

图 4-4　破涕为笑　　　　　　　　　图 4-5　喜极而泣

　　（2）情境性：即人的情感往往是在一定的情境下产生。处在轻松、欢乐的氛围或者情境下，就容易产生快乐的情感；反之亦然。如参加婚礼时，人们会被新人刻骨铭心的爱情感动；而凄美的爱情电影容易触发人们悲伤的情感。我们常说的"触景生情"便是指情境对人的情感的影响。

　　比如，当我们看到图 4-6 中可爱的动物、美味的甜品、温馨的场景、可爱的孩子等，就比较容易产生正面、愉快的情感。

图 4-6
生活中部分情境 1

而当我们看到图 4-7 中落寞的背影、破败的场景、拥挤的人群等，便比较容易产生负面的、不愉快的情感。

图 4-7
生活中部分情境 2

另外，情感也具有突变的特征，这在女性的身上表现得尤为显著，女性比较感性，情感极容易受到外界因素的影响而产生变化，俗话说"翻脸比翻书还快"，就多用于形容女性。

3. 情感化产品

从工业设计的角度，情感的表达和传递主要通过产品来实现。产品承载着设计师要表达的情感和理念等信息，然后传达给用户，当用户接触到产品时，对产品会产生自由的心理感受，这一过程实质是对产品的情感进行自我解码。设计师得到用户的解码信息后，即用户的感性认知和评价，从中获得启发，再融入到设计中，以满足用户的情感需求。情感化的产品属于物态化的精神产品，即通过一定的物质形式来表现精神内涵。

而消费者对于产品的情感认知是一个非常复杂的过程，如通过产品的功能、外形、结构、色彩、材质和界面等外在的视觉设计，形成视觉刺激，引导消费者通过可用性、操作和安全等行为表现来认识和感受产品，之后才有可能通过行为操作上升为情感认同，最终实现用户满意度、文化特征等方面的情感认知。

例如图 4-8 和图 4-9 两款情感化设计的产品，灵感都源于人们日常最自然地行为方式，用手来量体温和男士经常无意识地手摸下巴的动作，这样的设计比较容易激发用户的情感认知，从而引发情感认同。

图 4-8　体温计图　　　　　　　　图 4-9　Ring-Shaver 指环剃须刀

4.2.2　情感化设计理论

1. 情感化设计的概念与内涵

情感化设计在学术界和工程界的提法不尽相同，至今也没有统一的定义 ❷。

情感化设计从本质上来说是设计师的一种设计理念。在设计过程中主要以关注用户的情感需求为中心，将其与产品的造型、色彩、结构、表面肌理等进行整合设计，将情感融入到产品设计中，在实现产品功能的基础上，更多地关注审美价值及用户体验，提升用户满意度，最终实现产品的情感价值。情感化设计的产品不仅能使用户在生理上享受到产品的实际价值，更能使用户在心理甚至精神上获得产品的情感价值，提高人们的生活品质和幸福感 ❸。如图 4-10 中左一为可口可乐功能不同的瓶盖设计，无疑是给了瓶子第二次生命。

图 4-10
情感化设计案例

简单来说，情感化设计是在满足产品功能实现、造型美观的基础上，更加注重用户的艺术化需求及情感交互式体验。正如著名设计师菲利普·斯达克所言："我并不关心设计看上去是什么，我只关心它们激发的用户情感"。斯达克认为，设计师应该更加关注用户的情感需求，设计应该是用来感受和体验的，而不是让用户去理解，去适应。让用户在使用产品时感受到快乐和幸福感，才应该是设计师追求的终极目标。

2. 情感化设计的发展

情感化设计的研究始于 20 世纪 80 年代，在工业设计现有的理论基础上提出了情感化的设计理念，并运用于汽车、建筑及轻工业产品等领域。但目前情感化设计的理论还不尽完善，主要应用于评价现有产品方面，还没有明确的设计方法来实现情感设计，以满足人们对产品的情感化需求。

情感化设计在产品设计领域的发展大致可以分为三个阶段：现代主义时期，后现代主义时期和多元化时期 ❹。

现代主义时期：由于第二次世界大战后物质资源的匮乏，加上工艺美术运动的冲击，产品以满足功能需求为主导，形式追随功能，产品形态被简化到极致，人们的情感需求被忽视。

后现代主义时期：20 世纪 80 年代是情感化设计流行的开端。以实用功能为导向的产品设计已不能满足人们的需求，人们对产品的个性化需求和情感化需求越来越强烈。人们对产品的关注已经从功能需求上升至情感价值，甚至对情感的需求更高于功能。

多元化时期：20 世纪 90 年代，设计的发展更加趋向于人性化和多元化，出现了如仿生设计、绿色设计等设计潮流。设计在追求形式与功能的统一之外，开始讲究其文化内涵和个性化审美趣味，从人机性到易用性以及用户的使用心理等多个角度来开展设计工作，逐步形成以用户为中心的设计理念。

在物质文明日益发达的今天，科技在进步，产品设计基因也在进化过程中进行着一定的适应与改变，但只为一个目的：服务于生活，同时也更趋于情感化设计。尤其在产品设计的功能趋于同质化的时代环境下，产品的情感化表达显得举足轻重，因此，用户的感性信息成为了设计师设计产品的重要依据。设计师需要将用户的感性需求和产品的情感因素具象化，并与产品的造型和功能相统一，最终实现情感化设计。

3. 情感化设计的理论

我们提出了产品设计的三个层次理论：本体层、行为层和价值层。

情感化设计融入在这三个层次之中。

本体层关注的是产品的本来特征、产品的设计流程以及产品给用户带来的第一感受；行为层偏重于"人 – 产品 – 环境"的整个交互过程所引发的使用感受，如产品的功能、性能以及可用性层面的感受，以及用户在使用过程中的人机性、趣味性、操作效率和人性化程度等；价值层侧重于产品最终所产生的情感价值、社会价值以及共创价值。

在本体和行为两个层次的作用下，用户会进一步产生更深层次的情感，体现于价值层次。同时，用户价值层次的情感表现则受到用户的地域背景及个人经历、价值观念等各种因素的影响。

产品设计的本体层、行为层和价值层关系如图 4-11 所示。

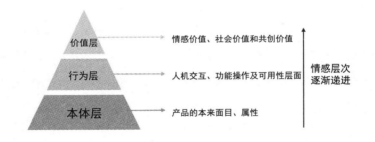

图 4-11
产品设计的三个层次

（1）本体层的设计

本体，这个概念源于哲学领域，被定义为：对世界上客观存在物的系统描述，即对事物的本来面目、所具有属性等的描述，可以简单地看作是一种对概念及其关系的系统地解释或规范说明。

反映到设计中，本体层的设计则是关注设计和产品本身，包括产品外观造型、结构、各部件及系统之间的关系，而这些都会影响到用户第一眼的感受。

本体层的设计是通过人体感官对于产品本身的物理属性的不同感受来与用户进行交

流的，产品的物理属性即产品所具有的外在的形态、色彩、肌理、结构、材质等可见、可听、可触的符号，用户的感受则来自于产品的物理属性对人体触觉、视觉、听觉等感受器刺激之后产生的感觉。

① 视觉

视觉是人们获取信息最直接的方式，影响用户情感产生的视觉设计要素主要包括形态和色彩。

形态——

形态即产品的外在形体。设计师将设计理念及情感，通过形态符号和造型语言融入到最终的产品形态，当产品外在形态中某些特性的呈现与用户认知或者意识范围内的符号相近或者相匹配时，便能刺激用户产生一定的心理感受，进而形成积极或消极的情感，从而影响购买行为。

产品形态的构成通过点、线、面、体四个基本的几何单位来完成，每个几何单位都有多种变化，也造就了产品形态的千变万化。在工业设计中，产品的形态大致可以分为具象和抽象两种。

具象形态的产品通常是基于人们生活中常见的人物事物，通过设计手段真实再现实物形态的特点，这样的设计通常直接、自然，比较能够唤起用户的童心，感受到童趣。具象形态由于其造型的复杂程度，应用范围多局限于儿童玩具、日用品和工艺品等产业，如图 4-12 所示。

图 4-12
具象形态产品设计

提到具象形态产品的设计，不得不提的是仿生设计。仿生设计基于仿生学和设计学发展而来，以自然界中事物的形、色、结构等为研究对象，通过设计过程中对部分符号进行提取与应用，增加产品的个性与趣味性，同时也比纯粹的具象形态设计多了一层内涵。如阿诺·雅各布森（Arne Jacobsen）的天鹅椅和蚁椅，菲利普·斯塔克（Philippe Starck）的牛角台灯，等等（图 4-13）。

图 4-13
仿生设计

抽象形态是设计师在真实事物形态的基础上，进行艺术加工、提炼，并结合自身设计思维与文化积淀进行情感表达，需要用户通过联想与想象，将看到的产品形态与认知中已有的形态相互映射，然后产生的一种产品形态。如图 4-14 奥迪 RSQ 概念车的前脸设计就像是鲨鱼的面部。

图 4-14
奥迪 rsq 概念车

材质一

材质通过呈现出不同的肌理、色泽和质地等刺激使用户产生不同的视觉上的触感及触觉上的质感。如木材流动的纹理和温润的色泽给人或质朴、或温馨、或年代感的感觉；

大理石则给人大气、庄重的感觉；光亮的不锈钢等金属材料传达出现代、科技、前卫等感觉，塑料则往往给人轻便易用的感觉。

同时，相同的材料经过不同的工艺处理，便会给人带来完全不同的情感体验。如钢琴烤漆通常给人高档、炫酷的感觉；磨砂则给人低调、内敛的感觉（图4-15）。

图4-15
不同材质

皮革　　　　　　　不锈钢　　　　　　　塑料　　　　　钢琴烤漆

色彩—

当代美国视觉艺术心理学家布鲁墨（Carolyn Bloomer）曾经说过："色彩唤起各种情绪，表达感情，甚至影响我们正常的生理感受。"❺色彩是设计中最重要的情感表达方式，相较于形态和材质，更具有感染力和影响力，更能吸引眼球，同时也是设计师表现个人风格常用的艺术形式。

色彩通过不同的色相、明度、饱和度组合带给人们不同的感受。如蓝色使人联想到海洋和蓝天，使人感到平静与凉爽；粉色往往象征温柔、甜美、浪漫；绿色象征新鲜、生机与希望等。例如拥有高明度的色彩的物体看起来会比较轻，而低明度色彩的物体则看起来会比较重。

色彩源于大自然，如青草、蓝天、绿水，当人们看到色彩，便能联系到自然界事物的相关体验，引发最原始的感受，而不会受到地域及种族等背景的影响。因此，色彩研究的成果被广泛应用于产品设计中。

例如儿童产品通常采用高饱和度的暖色，因为相较于形，鲜艳的色彩更能吸引儿童的注意；医用产品及医院的配色通常采用蓝色、白色与灰色等冷色，白色给人洁净神圣的感觉，而蓝色则能让人放松平静（图4-16）。

同时，色彩与形态及材质等因素相互影响，这些视觉要素通过不同的组合形式来传达情感并寻求用户的情感共鸣。

图 4-16
儿童产品设计
（上）与医用产品
设计（下）

② 听觉

除了视觉以外，听觉是人们接收信息最主要的感觉。噪声让人心烦意乱，悦耳的旋律则让人们平静舒适。

声音的设计比较特别，有些是产品材料和使用方式导致而并非设计师有意为之，如开关切换的声音，抽油烟机的声音，空调的声音，等等。随着技术的更新与新材料的应用，现在产品运作过程中的噪声越来越小，很多实现了无声运作。而有些声音则有特定的意义，成为设计的一部分，如微波炉完成加热时的一声"叮"，起到了很好的提醒作用。声音的设计往往在人们不经意的体验中影响着人们对于产品的选择，如现在触屏手机的锁屏与解锁声，鼠标的点击声等，都能吸引消费者耳朵，从而影响人们的消费行为。如图 4-17 这款经典的 Alessi 梦幻快乐鸟水壶，壶嘴处有一个小鸟，当水烧开，小鸟会鸣笛，发出口哨声，简洁的壶身配上令人愉悦的小鸟鸣笛，可爱与梦幻的精神在其中完美呈现，成为设计爱好者的珍藏经典。

图 4-17
Alessi 梦幻快乐
鸟水壶

③ 触觉

触觉是所有感觉中最真实的感官感受，并引发人们产生相应的行为。如触摸到冰冷、滚烫的物体时，人们会迅速将手缩回；而触摸到温暖、光滑亲肤的物体时，便会忍不住多摸几下。触觉的设计，源于材料本身以及它的处理工艺，人们看到产品后，在视觉感受的刺激下，脑海中会形成一种认知范围内的触觉感受，此时，人往往会产生触碰的心理冲动，以对产品进行更深层次的感受，从而影响人们的购买欲望及决策。例如孕妇和婴儿往往不会选择触觉较冷的产品，因此针对孕妇和婴儿的产品通常不会选择金属材质，例如羽绒、毛绒、棉絮等材质让人看上去就想摸，给人以温暖、柔软的感觉（图 4-18）。

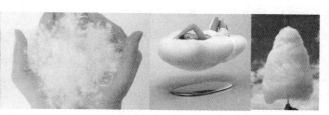

图 4-18
引发触觉的案例
举例

④ 嗅觉与味觉

嗅觉与味觉在设计中的被给予的关注度相对较少，常常被认为只与饮食相关，其实不然。心理学家赫兹理论指出："嗅觉具有情感的特性 ❻"，嗅觉能够唤起记忆，如果能巧妙地运用到设计中，也能产生意想不到的吸引力。如木质材料的清新味道加上天然纹理给人原始、干净的感觉。

味觉之于嗅觉，就如触觉之于视觉。香味扑鼻而来，人们总是会忍不住想尝一尝。但是对于工业设计来说，味道是不能尝的，只能通过感觉器官之间的互通联系来进行情感表达。例如许多食物形状的产品，通过视觉的刺激，让人产生味觉的体验。

然而，设计师实际的设计过程和人们对一个产品的感知过程都极其复杂。设计师需要综合多种因素进行设计表达，消费者通过多方位的感官刺激和认知来体验一件产品，基于本体层次的设计只是实现情感认同的开始。

（2）行为层的设计

行为层的设计关注产品的交互及操作性。行为层与本体层有一个共同的特点，便是无论文化、地域等背景如何，人们在这两个层次中的认知是相同的。例如苹果手机的物理按键是用来按的，带滚轮的椅子可以随意滑动，等等。

这个层次的设计中，产品的外形美观及设计师的设计理念可以暂时搁置一边，设计师主要考虑产品的功能实现，以此来满足用户最基本的情感需求。例如电饭煲能够煮熟米饭，体重秤能显示体重，手机能够通话等；其次便是产品的易用性，即通过合理巧妙的设计，让用户通过最少的时间成本及脑力成本体验到高效便捷的操作，获得积极的情感体验。

如何使得产品能够达到易用性这个层次，考验的是设计师对于生活中麻烦问题的发现，对于人们生活习惯的观察，以及用户体验的研究。相信很多人都有在发送消息之后后悔的经历，现在有些手机操作系统及聊天软件有了贴心的取消发送或者撤回消息的功能。同时，在兼顾产品功能性与易用性后，设计师还要考虑产品的人机性和人性化设计等，如座椅的设计要符合人体背部及臀部的生理曲线，最大程度地减少压力，提高舒适度（图 4-19）。

图 4-19
健康座椅设计

（3）价值层的设计

就像我们在解决了温饱及衣食住行等问题之后，开始关注情感需求一样，价值层的设计是在本体层、行为层之上的更高层次的情感化设计。

价值层的设计，是在产品外形设计和功能实现的前提下，更多地去关注产品的内在，关注产品所传达的信息，关注产品背后的故事及文化内涵，引起消费者的情感共鸣，最终形成特有的产品形象和社会价值甚至是共创价值。

① 情感价值（Emotional Value）

产品设计就像讲故事，仅仅停留在讲完一个故事阶段是无法吸引观众眼球的，讲好故事才能引起情感共鸣。价值层的设计更加关注产品传达出的信息，经过用户获取、加工并产生情感共鸣后，所产生的一种深层次的生理感受，也是形成产品印象的过程。用户在购买这些产品的同时，也彰显了自身的个性、社会地位和文化内涵等。

当一个产品或品牌无限贴近消费者内心的诉求，同时达到情感上的契合及细致关怀，那么它一定会获得消费者情感上的认同和忠诚，自然而然就会产生购买行为。

例如，水污染问题越来越受关注，健康饮水的诉求也愈发强烈。农夫山泉通过"农夫山泉有点甜"、"大自然的搬运工"、"农夫果园，喝前摇一摇"、"传统的中国茶，神奇的东方树叶"等宣传口号与消费者沟通，已经逐渐在消费者心目中确立了良好的品牌形象（图4-20）。为了让消费者更好地了解农夫山泉水源地和生产过程，自2006年至今，农夫山泉累计邀请200家以上媒体和近几万名消费者实地参观其水源地和生产工厂。过程中让消费者与其产品亲密接触，了解产品背后的故事和理念，无形中产生了莫大的价

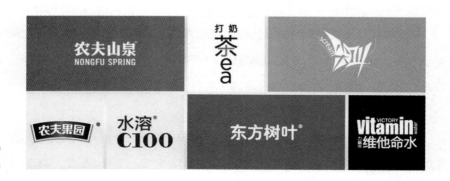

图4-20
农夫山泉旗下产品

值认同，也使消费者对其产品更加的放心和忠诚。同时，农夫山泉很重视设计，重视产品的文化内涵，旗下产品的包装设计独树一帜，尤其是最新的高端用水系列，瓶子的设计更是令人"惊艳"，关于其新产品设计理念、人文关怀、设计过程、产品选材、制造及印刷工艺的解析让人深刻体会到企业的内涵与品牌价值观（图 4-21 ）。

图 4-21
农夫山泉高端水
系列

② 社会价值（Social Value）

产品设计的社会价值主要指产品作为客体对社会这个主体所产生的效应，如产品的社会关怀价值、文化价值和环保价值等等。

如个人定位终端产品，通过无线定位系统，对儿童、老人、女性等实时准确定位、轨迹回放、逾界告警等，能有效地防止儿童和老人走失；同时也可以与医疗急救系统联动，受到晚上独自回家的女性青睐，提高人们的防范意识的同时，也能有效地减少恶性事件的发生。例如"滴滴出行"上线了"老人打车"服务，子女为父母远程叫车，解决了老人出行老大难的问题。还有很多这类产品，得到人们的情感认同的同时，充满了人文关怀。我们第 3 章讲到的基于符号学的文物元素再造，不仅是通过创意设计服务人们的生活，更是对文化元素的一种传承和发展。我们也可以通过生态设计，在产品的设计过程中，考虑材料的可回收性、可拆卸、可重复利用性等，并以此为设计目标，尽可能地减少设计污染及能源消耗。

科技进步和工业化的发展对设计活动而言是一把双刃剑，设计师必须站在一定的高度，通过设计为人们创造美好生活，在满足产品功能需求的同时，更多地上升到情感层面，打动人心，同时也要融入更多的内涵去创造更多的社会价值。

③ 共创价值（Co-Value）

在未来的竞争中，消费者不仅仅是购买者，而且应该是合作伙伴，与消费者共同创造价值，才能经得起时代的考验 ❼。在产品开发的过程中，通过消费者参与，倾听消费者的声音，与消费者对话，充分利用共创的力量创造更好的产品和服务，最终也利于建立消费者的品牌忠诚度。

在实际的设计活动中，与消费者共创价值的趋势也在不断发酵，如小米打造的"消费者 + 合作伙伴 + 竞争对手 + 小米公司"的特色生态链系统，找到与消费者的接触点，把消费者放在了首要的位置。小米手机的诞生、系统的不断升级就是小米公司与米粉们创意和智慧的结晶，也是这个趋势最好的证明。如宝洁公司的"开放式创新"——公司 CEO 雷富礼要求 50% 的创新创意来自于宝洁外部、某些品牌用户可以网上定制跑鞋等，这些都体现了以用户体验为核心的现代共创价值观。

价值层次的产品设计关注产品最终所带来的情感价值、社会价值以及共创价值等，这些体现出来价值相互依存、相互渗透，但都源自设计师融入设计中的"情感"。

4.3　感性意象理论体系

感性意象是人对物所持有的感觉，是对物的心理上的期待感受，是一种高度凝聚的深层次的人的情感活动。用户如何感知某个产品反映了其自身的需求渴望和心理评判标准。感性意象的形成过程为：外界的刺激被传送至感受器后产生感觉，多种感觉经过大脑信息加工综合处理后产生知觉与认知；接下来，认知与体验进行比较上升为情感，最后以言语或其他形式表现出来。

人们在创造产品功能的同时，也赋予了它一定的形态，而形态则表现出一定的性格。在感性消费时代，产品形态已成为消费者与设计师沟通的重要媒介。当人们看到一件产品时，就会对它产生一些联想，包括"视觉的"、"听觉的"、"触觉的"、"嗅觉的"和"味觉的"等种种感觉，并且脑海里总会形成对这一产品的某种意象，借以"豪华的、漂亮的、个性的"等感性意象词汇进行描述。

对于工业设计而言，设计研究主要集中在怎样使产品愉悦人的感官，怎样使产品更适应人的感性特质（如嗜好、认知直觉、习惯等），以及设计行为中的感性等议题。感性意象是工业设计中一种有效方法，可以指导产品的设计与研究。但是，不同的产品，如手机、汽车、机床等，其造型、色彩评价意象词汇是不一样的，这也导致了不同产品的感性意象研究略有不同，感性意象研究是基于案例的研究，而正是这一点也导致了其研究与应用的多样性。

感性意象的研究主要集中在日本、韩国、中国（包括台湾地区）、美国、欧洲一些国家等，尤其以日本的感性工学为代表。不同的国家和地区，其说法和研究手段有所差异，目前主要有感性工学、意象尺度等形式。

4.3.1　感性工学

1. 感性工学的概念

在日语中，感性是一个特有的词，英译为"Kansei"。感性工学，一般的解释是：感性与工学相结合的技术，主要通过分析人的感性，依据人的喜好来设计产品。

"感性工学（Kansei engineering）"[8,9]一词由马自达汽车集团前会长山本健一先生于 1986 年在美国密歇根大学发表题为《汽车文化论》的演讲中首次提出，提案运用感性工学的手法进行汽车乘坐感和汽车内装设计，以符合乘坐者的感性需求；并在横滨的 Mazda 研究所设立感性设计研究室进行感性研究，开发出了新车 Persona，吸引了汽车界的目光（图 4-22）。随着日本高级车设计方面基于感性工学研究所取得的成功，欧美汽车行业对于感性工学的研究越来越重视。

图 4-22
运用感性工学开发的汽车（Mazda Persona）

感性工学是一种应用工程技术手段来探讨"人"的感性与"物"的设计特性间关系

的理论及方法。在工业设计领域，它将人们对"物"的感性意象定量、半定量地表达出来，并与产品设计特性相关联，以实现在产品设计中体现"人"（这里包括消费者、设计者等）的感性感受，设计出符合"人"的感觉期望的产品。感性工学也是一种消费者导向的基于人机工程的产品开发支持技术，利用此技术，可将人们模糊不明的感性需求及意象转化为产品的设计要素，如图4-23所示。

图4-23
感性工学系统的
基本框架

2. 感性工学的分类

《International Journal of Industrial Ergonomics》（国际工业人类工效学杂志）分别在1995年第1期和1997年第2期，用两个专集来介绍感性工学的研究方法及应用。感性工学已经被用于建筑、座椅、电话机、汽车等设计之中，研究手段涉及到神经网络、模糊逻辑等。依据一些学者的研究，感性工学可以分为三类：定性推论式感性工学、正逆结合型感性工学和数学模式型感性工学[10]。

（1）定性推论式感性工学

主要利用层次推论方法，建立如树状图的相关图，以求得设计上的细节。整个推论过程中并不利用电脑进行分析，而是利用"为了满足……的要求，必须做到的项目有哪些"的设问方法进行。从0次感性开始，渐次向下拆解展开成清晰且具有意义的子阶层，如1次感性、2次感性…、第N次感性，直到能够得到产品设计的详细说明为止。日本马自达汽车公司曾运用此方法进行了新车UNOS Roadster的开发。

（2）正逆结合型感性工学

主要以构建感性（意象语义）与形态要素的关系为主要目的，并将结果建构成专家系统（感性工学系统），实现感性意象与产品设计要素之间的转换，供设计使用，又称为计算机辅助式感性工学。此系统可分为"前向定量推论式感性工学"与"逆向定量推论式感性工学"两大类型。前者是将用户的感性需求转化为产品的设计要素，而后者则是将设计师的设计方案转化为用户的感性评估，以确定是否符合设计师所要达成的感性意象，如图 4-24 所示：

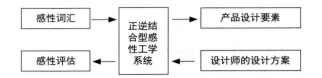

图 4-24
正逆结合型感性
工学系统的基本
框架

（3）数学模式型感性工学

主要以用户的某一特定感性为目标变量，并构建能够实现该感性的数学模式。例如，日本三洋公司曾经将此种模式应用于彩色打印机输出色彩的研究，将目标设定为"使输出的人的皮肤颜色更加漂亮（更加符合人们对皮肤颜色的要求）"，利用模糊逻辑构建该系统，进而成功地开发出一台智能型彩色打印机。

随着日本感性工学的发展，近年来其研究内容也在不断扩大，不仅从有形产品的研究领域扩展到人机交互界面、机器人工学的研究，而且从工学应用的层面扩展到人的脑机能、知觉认知等方面。这样的发展趋势，造就了感性科学和认知科学不可分割的联姻。

最近几年，感性工学成了国内工业设计界的热点研究课题，如浙江大学、湖南大学、西北工业大学等，许多学者对其理论和方法展开了研究，并在某些领域进行了探讨 ❶。

4.3.2　意象尺度

1. 意象的概念

意象（Image）一词源自美学和文学领域，是抒情文学特别是诗歌的主要构件之一。意象的概念最早出现在中国古代的《周易·系辞》中："观物取象"、"立象以尽意"。这里象的概念是周易之卦象，是一种符号。后来经过诗词学者的引申借用，象逐渐演化为具体可感的物象。英文"Image"的意思是图像、肖像、形象化的比喻、映像等，与中文的"意象"所表达的含义基本相同。在西方哲学的研究中，意象被认为是人们在认识和感知事物时所产生的一种心理感受。

2. 意象尺度的含义

意象尺度（Image Scale）是一个心理学概念，是人们深层次的心理活动，主要借助科学的方法，通过对人们评价某一事物的心理量的测量、计算、分析，降低人们对某一事物的认知维度，得到意象尺度分布图，通过意象图研究产品在坐标图中的位置，比较分析其规律的一种方法。

3. 意象尺度法

意象尺度法以语义差异法（Semantic Differential，SD）为基础，一方面通过寻找与研究目的相关的意象词汇来描述研究对象的意象风格，同时使用多对相对、反义的意象形容词对不同角度或维度来量度"意象"这个模糊的心理概念，建立5点、7点或者9点心理学量表来表示不同维度的连续的心理变化量，并用因子分析法中的主成分分析或多维尺度法进行研究。该方法实际上也是一种以心理学实验为基础的方法。

意象尺度法在设计中的应用，最早是在色彩方面，尤其是在日本和中国台湾地区。其方法是从色彩心理效应方面入手，以意象调查和语义差异法为手段，进行系统的统计、分析并指导设计。

产品设计方面，在设计的前期阶段，运用意象尺度的研究方法，可以调查现有产品形象，确定市场趋势及产品定位[12]，提升产品设计的有效性和针对性。例如国内学者应用意象尺度法分别对数控机床[13, 14]和手机造型设计[15]等进行了研究，建立多属性感知空间，通过对产品的空间分布规律分析，研究用户和设计师的感知意象，为产品设计服务。

意象尺度法的具体操作步骤如图4-25所示。

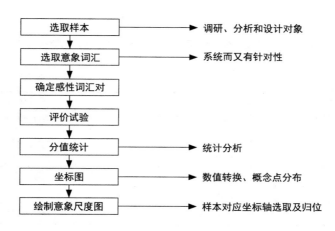

图4-25
意象尺度法操作
步骤

4. 意象尺度法应用实例

本案例从人机工程的角度提出了基于人机工程的意象尺度评价方法和约束机制,并结合数控机床的实例进行研究,对数控机床这个典型的现代机电产品的产品形态进行了研究。

对于不同的对象,意象尺度的研究过程是不一样的,这里提出了基于产品设计的意象尺度研究框架,如图 4-26 所示。该框架模型的核心是以意象尺度和与其相应的评价方法为基础,进行产品的造型设计、评价和方案选定,并作为计算机辅助造型设计的构造模型。

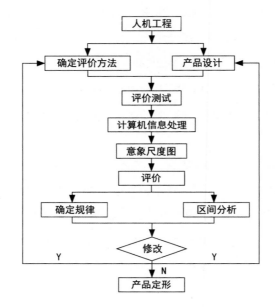

图 4-26
研究框架

根据数控机床的造型特征,研究所采用的形容词对评价因子如表 4-1 所示。

造型设计形容词对　表 4-1

序号	形容词对	序号	形容词对
1	漂亮 - 丑陋	9	紧张 - 松弛
2	活泼 - 严肃	10	锐 - 钝
3	简洁 - 复杂	11	自然 - 生硬
4	对称 - 非对称	12	直 - 曲
5	和谐 - 别扭	13	轻 - 重
6	温暖 - 寒冷	14	整体 - 凌乱

续表

序号	形容词对	序号	形容词对
7	硬 – 软	15	粗犷 – 细腻
8	现代 – 古典		

面向人机工程的意象尺度评价研究受到多种因素的约束，而这些约束最终都落实到"人"上面来。本案例将人作为意象研究的中心，提出了一个新的、基于人机工程的意象尺度评价研究模型，如图 4-27 所示。

图 4-27
基于人机工程的
意象尺度评价约
束模型

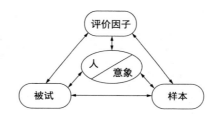

上述模型可以形式化地表示为：

$I = (F, T, S)$,

$F = \{f_1, f_2, \cdots, f_i, \cdots, f_n\}$,

$T = \{t_1, t_2, \cdots, t_j, \cdots, t_m\}$,

$S = \{s_1, s_2, \cdots, s_k, \cdots, s_l\}$.

其中，意象尺度 I 由评价因子 F、被试 T 和样本 S 研究后得到。每个被试 t_j 又受到很多子因素（如教育程度、性别、年龄等）的限制，也会对实验结果产生一定的影响。这些因素之间相互作用，相互影响，构成一个整体。

该约束模型的意义在于以意象尺度为评价方法的研究受 I, T, S 三个因素的约束。如 S 因素（大样本、小样本、取样方法等）的不同将对实验和设计评价的结论及其解释产生影响。

本案例采用语义差异法对数控机床造型意象尺度进行了测试。

被试选择：本实验选择了 5 个资深设计师作为被试，是一次专家组实验。

样本建立：从国内外机床厂家生产的机床实例中随机抽取 30 种，并建立机床造型模型，全部中性色调替代，消除色彩对被试的影响。

实验环境选取：在安静、空旷的教室中进行，被试之间不能互相讨论，以消除外界的干扰。

　　测试完毕后，取 5 个被试统计值的加权平均值，利用计算机进行数理统计，得到累积特征值，如表 4-2 所示。在表 4-2 中，维度表示人们认知数控机床形的空间维度。通过累积计算，在二维平面上可以解释整个形分布 61.00% 的特征，因此我们选取二维，即累积特征值为 0.6100 来进行研究。在计算机多元分析过程中输入数值 0.6 即可得到二维坐标值，如表 4-3 所示。

实验样本累计特征值　表 4-2

维度（NO）	百分比（PERCENT LH）	累积特征值（ACCUMULATING VALUE）
1	0.3840	0.3840
2	0.2259	0.6100
3	0.1119	0.7219
4	0.1020	0.8239
5	0.0586	0.8825
6	0.0360	0.9184
7	0.0249	0.9433
8	0.0145	0.9578
9	0.0109	0.9687
10	0.0100	0.9787
11	0.0084	0.9871
12	0.0053	0.9924
13	0.0033	0.9957
14	0.0025	0.9982
15	0.0018	1.0000

实验样本意象尺度分布坐标值　表 4-3

（NO）	$X(I,1)$	$Y(I,2)$	（NO）	$X(I,1)$	$Y(I,2)$
1	−0.13912	3.67849	16	4.09868	1.18717
2	0.93508	−4.75942	17	−3.34774	1.21841
3	1.47982	1.45146	18	−4.52441	−2.50025
4	1.13934	0.53493	19	2.84764	−0.27933
5	0.93751	2.15862	20	−2.59051	3.12459
6	1.21373	−0.27762	21	−2.82960	−0.70053

续表

（NO）	X (l,1)	Y (l,2)	（NO）	X (l,1)	Y (l,2)
7	2.31354	-1.42723	22	-1.55872	0.37148
8	4.15330	1.55464	23	0.47947	-2.68559
9	-4.02528	-0.39081	24	-1.12098	1.77629
10	-0.26281	-0.97708	25	-0.74533	1.53967
11	0.35040	-0.35471	26	1.99143	0.18358
12	3.18265	-1.27642	27	0.82690	-1.07653
13	-4.15793	-1.40372	28	-1.36244	2.69280
14	0.75549	-1.87090	29	1.31081	-0.03314
15	1.37694	-1.12797	30	-2.72788	-0.33018

根据上述数据，得到数控机床实验样本意象尺度分布图，如图 4-28 所示：

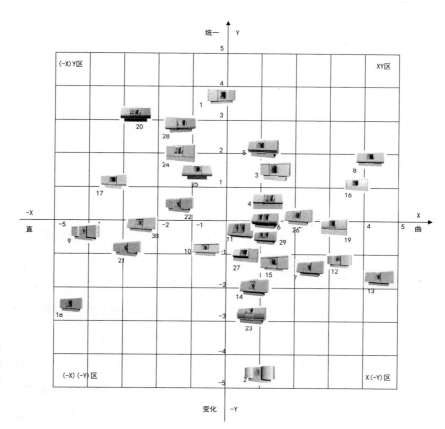

图 4-28
数控机床样本形态
意象尺度分布图

从分布图看，可以用"直"与"曲"、"统一"与"变化"这两组分别相对的形容词因子来概括整个数控机床意象尺度的分布特性。而且，大多数样本都集中在原点周围，可见比较中性的机床容易得到人们的认同。当然，这种直与曲、统一与变化是基于具有相同功能的同一种数控机床而言的，并没有极限的划分。

意象是多维的，人们对形的主观感觉千差万别，可以用多组表示意象的因子来评价产品。此研究证明，在人机工程基础上，产品的形可以通过多元分析的主成分分析法降维用意象尺度来加以评价，科学地找到一种产品意象尺度分布以及人们的认知模式。

4.3.3　感性意象的研究方法

从研究阶段来看，感性意象的研究可以分为实验、统计和计算机系统分析三大阶段，涉及用户感性意象的获取、表示、建模以及与产品造型元素之间的映射等过程。

其中，实验方法包括问卷法、语义差异法、口语分析法等；统计分析和优化方法包括因子分析、聚类分析、多维尺度、人工神经网络、模糊逻辑、遗传算法等。

1. 语义差异法

美国心理学家及传播学家 OSGOOD 等[16]提出的语义差异法（Semantic Differential，SD）是一种基本的研究方法，它通过学习对象（包括产品外形、色彩等）的语义，将用户的感知翻译在 Likert 量表上，然后运用统计的方法分析其规律，用于测定人们的态度以及感性意象。

语义差异法是感性意象研究的基石，它一方面通过找寻与研究目的相关的意象语义词汇来描述研究对象的意象风格，使用类似"漂亮的—丑陋的"等多对相对、反义的形容词对从不同角度（或称维度）来度量"意象"这个模糊的心理概念，建立 5 点、7 点或 9 点心理学量表，以很、较、有点、中常等来表示不同程度的连续的心理变化量（如很漂亮、较漂亮、有点漂亮、中常、有点丑陋、较丑陋、很丑陋等）。

在语义差异法试验中，首先要求被试根据自己的主观感受，对事先选定的待研样本逐个进行不同的语义词汇评价，然后借助数理统计方法对试验数据进行分析整理。简而言之就是将由多种因素（意象词汇）组成的多维感性意象空间，通过统计意义上的降维，找到能最大程度地反映总体感性意象倾向的尽可能少的意象维度的描述，以及各维度之间的相关性。

如图 4-29 为某研究使用语义差异法结合量表法做的关于 SUV 风格评价试验的评价问卷样例。

词汇对	左侧词汇	评分量表							右侧词汇
		评价样本 C16							
A1	直线	−3	−2	−1	0	1	2	3	流线
A2	硬朗	−3	−2	−1	0	1	2	3	圆润
A3	平稳	−3	−2	−1	0	1	2	3	倾斜
A4	野性	−3	−2	−1	0	1	2	3	优雅
A5	成熟	−3	−2	−1	0	1	2	3	年轻
A6	笨重	−3	−2	−1	0	1	2	3	轻巧
A7	静态	−3	−2	−1	0	1	2	3	动感
A8	脆弱	−3	−2	−1	0	1	2	3	坚固
A9	商务	−3	−2	−1	0	1	2	3	休闲
A10	越野	−3	−2	−1	0	1	2	3	城市
A11	平凡	−3	−2	−1	0	1	2	3	时尚
A12	低档	−3	−2	−1	0	1	2	3	高档

图 4-29
SUV 风格评价试验问卷

2. 口语分析法

口语分析法（Verbal Protocol，又称 Protocol Analysis）通过试者的口语报告获取其相关的认知信息，又称"有声思维"，是心理学关于"过程研究"的一种试验方法。认知学家将信息在头脑中的呈现方式统称为表达。通过口语报告可以比较每个人对于产品的不同看法，同时也可以得到对同一产品信息的不同的表达方式。

在进行口语分析试验时，尽量要求被试说出自己的所思所想，例如"我觉得这个设计方案很好……"，记录下被试的话语和行为作为后期分析的材料。与语义差异法相比，口语分析法能比较直观地反映人的认知活动，二者结合起来能更加全面地获取用户的感性意象。

3. 因子分析法

因子分析法（Factor Analysis，FA）的基本目的是降维。简单来说，就是将关系密切的变量归为一类，这一类变量变成为一个因子，最终通过少数的几个因子反映原资料的大部分信息的一种多变量统计分析方法。通过因子分析法降低认知空间的维数，获得主要的关键因素，这种方法经常被运用于研究影响消费者偏好及满意度的主要指标。

4. 聚类分析法

聚类分析法（Cluster analysis，CA）是研究分类的一种多元统计方法，主要有分层聚类法和迭代聚类法，聚类分析的主要依据是把相似的样本归为一类，而把差异大的样本区分开来。将对象根据最大化类内的相似性、最小化类间的区别性的原则进行聚类或分组，所形成的每个簇（聚类）可以看作是一个对象类，由它可以导出规则。利用聚类分析，可以对产品进行分类，进而研究消费者对于不同类型产品的认知，也可对消费者进行分类，从而研究消费者的偏好，等等。

5. 多维尺度分析法

简单概括起来，多维尺度分析法也是用来降维，它将多维空间的样本或者变量简化到低维空间进行归类和分析，同时又不破坏原始变量或样本间的关系，比较常用于市场调研中。通过多维尺度分析法，可以从一组事物或感觉刺激间相似性的资料，建构出一个合理的集合多维度认知空间 ❶。通过该空间，可清楚地了解并掌握人们对这些事物或感觉的认知方式。通过 MDS 分析所分解出来的产品识别认知空间，除了可以得知不同风格产品在空间里的分布状态以外，也可经由产品造型特征的观察，定义出该认知空间中所含的轴向定义，间接了解被试在进行产品识别时作出判断所根据的因素。

MDS 分析法通过降维，将变量或者样本间的相似（或不相似）程度在低维度空间中用点与点之间的距离表示出来，并有可能帮助识别研究对象间相似性的潜在因素。MDS分析法的原始数据是被试对产品相似度的打分，最终得到类似产品间相关性的感性意象尺度图，此方法常被用于研究产品的造型、色彩以及与产品造型设计相关的其他特征。

6. 人工神经网络

人工神经网络对于模式化知识的映射处理具有天然的优势，并自然地具有模糊联想特性，同时又可以对新的知识进行学习，从而不断地完善其知识结构。因此，基于神经网络的智能系统在实践中具有不可替代的优势，已被成功应用在模式识别、图像处理、系统辨识、组合优化和自动控制等领域。其中，反向传播神经网络（Back-propagation neural network）是感性意象研究中常用到的一种方法，是一种具有学习能力的多层网络，其网络构架包含了输入层、隐藏层以及输出层，而且隐藏层可以不只一层。

在分析过程中，可以以产品造型（或者色彩）为输入、感性意象词汇为输出进行学习，逆向系统则两者相反。在学习过程中，网络的推论值与目标输出值的误差越来越接近，直到完成训练，结果接近到一个合理的范围时，可称为网络已经收敛。例如，可以用均方根误差（Root mean square error，RMSE）表示收敛程度，其公式为

$$R_j = \sqrt{\dfrac{\sum\limits_j (T[j] - Y[j])^2}{N_{out}}}$$

式中，R_j 表示收敛值，$T[j]$ 表示目标输出值，$Y[j]$ 表示网络的推论值，N_{out} 表示输出层神经元数目。可以设定当 R_j 值小于某一数值时则可以判断其收敛良好。但是，要选择收敛到什么程度并没有固定解，只有多次执行后选择一个较小的当作其收敛值。

这样，可以建立完整的"感性意象语义—造型参数"以及"造型参数—感性意象语义"双向系统，协助设计师掌握产品的感性意象，使设计的产品更能符合用户需求。

4.3.4 感性匹配

面对日益激烈的市场竞争，满足消费者的需求和口味成为每个公司的关注重点，而消费者又面临太多可以选择的同类商品。因此，很多产品开始打感情牌，做情感化设计。但是，如何让消费者对产品的情感需求符合设计师的预期呢？

我们提出了一种新的研究方法：感性匹配（Perceptual Matching），用来评估和提高产品的感知质量。

感性匹配源自心理学领域，主要用来描述一个现象与它引起的人的反应之间相关性。作为一种评估机制，感性匹配可以将匹配关系量化为具体的分值，然后从众多的设计方案中选出最具潜力的那个。整个评估过程中，首先通过一个分类任务以及 SD 实验来分

别测量被试在视觉和情感方面的感知，然后进行匹配精度及相关性分析，得到匹配质量最高的产品。通过设计调查，找到某些产品得到高分的原因，帮助设计师和制造商重新评估他们的设计方案，减少情感不匹配的可能性，提高消费者的满意度。

　　以饮料瓶的外形设计为例，我们用感性匹配来描述设计师要传达的感觉以及产品所唤起的消费者的感知之间的交互关系。这里面包含了两个层面：一个是产品方面，产品的设计以及产品要传达的感觉；一个是消费者方面，产品的类别（what it is）和消费者的感觉（how it looks）。他们之间的交互关系如图 4-30 所示。

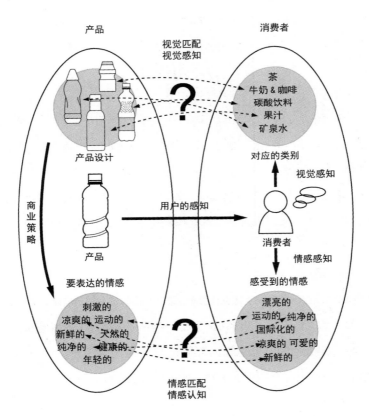

图 4-30
产品层面和消费者层面的匹配关系

　　我们把感性匹配分为视觉匹配和情感匹配两种类型。

　　视觉匹配：指产品所属类别的匹配，主要研究消费者所认为的饮料类别跟饮料本身所属类别的匹配程度，如果匹配强度较弱，则说明产品设计没有得到很好的传达和解读，如用广为人知的可口可乐瓶子的外形装茶饮料，消费者的认知就会被混淆。产品醒目的和易于理解的外形设计能够增加产品的辨识度，从而使消费者快速感知，也有利于品牌的长远发展。

情感匹配：可以理解为情感状态和情感刺激之间的匹配。换句话说，它是用来研究消费者所产生的感觉跟产品要传达的感觉是否一致，成功的产品设计能够唤起消费者的情感与期待，如运动饮料就应该给人以清爽的、充满活力的感觉；如果产品设计与消费者的需求一致，便会引发消费行为，这方面的研究也有助于产品风格的确定。

我们通过具体的实验来研究饮料瓶外形设计的感性匹配评估，具体的评估流程如图4-31 所示，共分为两个阶段：

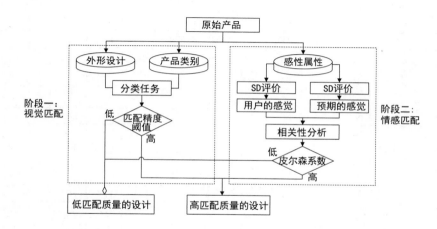

图 4-31
感性匹配评估流程

1. 第一阶段：视觉匹配实验

实验材料：国内饮料市场上大众比较熟悉的 60 个饮料瓶设计样本，由设计师勾勒出产品外形，并进行编号，如图 4-32。同时，邀请 5 名本地饮料公司的专业人员将饮料分成 6 个主要的类别，涵盖国内市场上受欢迎的、典型的饮料种类，分别是 K1- 碳酸饮料、K2- 水饮料、K3- 茶饮料、K4- 果汁、K5- 牛奶和咖啡、K6- 运动饮料。

被试：邀请 45 名大学生（27 男，18 女，年龄 18 ~ 25 岁），作为年轻饮料产品消费者的代表，参加后面的分类任务。

实验过程：分类任务中被试不知道饮料瓶的原始类别，他们被要求将 60 个瓶子设计分别归类到 6 大类别当中。

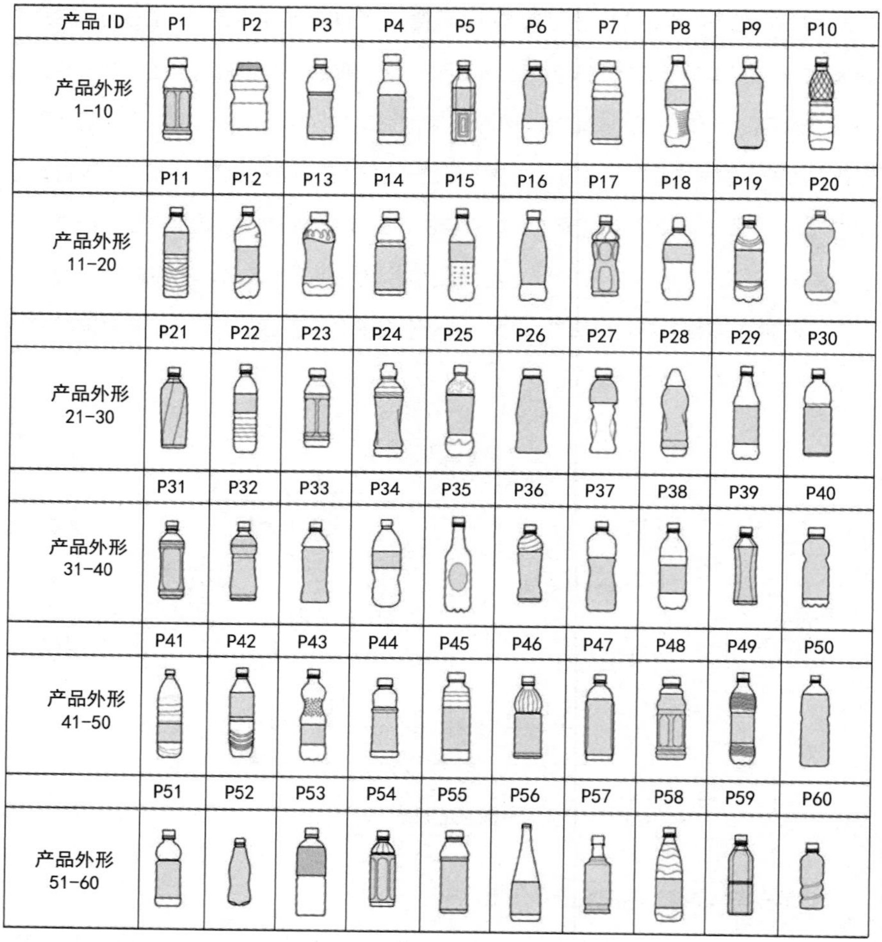

产品 ID	P1	P2	P3	P4	P5	P6	P7	P8	P9	P10
产品外形 1-10										
	P11	P12	P13	P14	P15	P16	P17	P18	P19	P20
产品外形 11-20										
	P21	P22	P23	P24	P25	P26	P27	P28	P29	P30
产品外形 21-30										
	P31	P32	P33	P34	P35	P36	P37	P38	P39	P40
产品外形 31-40										
	P41	P42	P43	P44	P45	P46	P47	P48	P49	P50
产品外形 41-50										
	P51	P52	P53	P54	P55	P56	P57	P58	P59	P60
产品外形 51-60										

图 4-32
60 个饮料瓶样本
（灰色部分表示包装纸）

2. 第二阶段：匹配实验

感性词汇搜集：

情感匹配阶段，SD 实验需要将用户的情感转化成具体的数值。邀请 5 名本地饮料公司的专业人员和 3 名语言专家组成专家组，通过头脑风暴等形式讨论与饮料瓶设计强相关的词汇。感性词汇有多个来源可以搜集，如相关文献、产品广告、画册、杂志、产品说明书、产品的评论等。例如，用户可能用"流线型的"、"年轻的"、"热情的"等感性词汇来形容可口可乐瓶子的设计，而用"冰爽的"、"激情的"或者"刺激的"等来形容对碳酸饮料瓶的感觉。最终通过专家组的筛选讨论，确定出12组感性词汇对，如表4-4所示。

12 个感性属性　表 4-4

X1	稳重的 – 可爱的	X5	成熟的 – 年轻的	X9	人工的 – 天然的
X2	含蓄的 – 充满活力的	X6	厚重的 – 轻快的	X10	本土的 – 国际的
X3	温暖的 – 酷的	X7	温和的 – 刺激的	X11	放松的 – 运动的
X4	传统的 – 现代的	X8	柔和的 – 阳刚的	X12	单调的 – 令人愉悦的

实验材料：实验样本依然是 60 个饮料瓶设计；同时根据 12 个感性词汇对设计 SD 评价的问卷，采用 7 分量表。

被试：消费者组（20 名工业设计专业的大学生，12 男，8 女），专家组（18 名国内饮料公司的专业人员，熟悉饮料行业和各种饮料的推广策略。）

实验过程：消费者组对 60 个样品为素材进行 SD 实验，而专家组对 6 个类别做 SD 实验。

3. 实验结果

（1）视觉匹配实验结果

根据视觉匹配实验的数据结果，以样本分类到每个饮料类别的次数 / 这个类别分到饮料的总次数，得到每个样品与每个类别的匹配率，并且作为一个判断样品与类别之间相关性的指标。

根据分类任务的结果，我们计算出每个类别与每个样品之间的匹配度，如表 4-5，高分值代表样品与类别之间的强相关性，反之亦然。然后，根据匹配精度 [18] 的概念，即样品正确地分类到原来所属类别的百分比，评估视觉匹配的质量，如表 4-5 中加粗的数字。

每个样品在每个类别下的匹配率（部分数据）　表 4-5

产品 ID	原始类别	匹配率（%）					
		K1	K2	K3	K4	K5	K6
P1	K5：牛奶 & 咖啡	0.00%	0.00%	17.78%	**24.44%**	53.33%	4.44%
P2	K5：牛奶 & 咖啡	0.00%	0.00%	0.00%	2.22%	**86.67%**	11.11%
P3	K4：果汁	2.22%	0.00%	15.56%	**80.00%**	0.00%	2.22%

续表

产品 ID	原始类别	匹配率（%）					
…	…	…	…	…	…	…	…
P6	K3：茶饮料	15.56%	13.33%	**20.00%**	20.00%	22.22%	8.89%
P7	K3：茶饮料	0.00%	0.00%	**11.11%**	37.78%	20.00%	31.11%
P8	K1：碳酸饮料	**100.00%**	0.00%	0.00%	0.00%	0.00%	0.00%
…	…	…	…	…	…	…	…
P60	K2：Water	0.00%	**8.89%**	0.00%	24.44%	44.44%	22.22%

（2）情感匹配实验结果

在 SD 评价试验数据的基础上，我们通过在 SPSS 软件中对专家组数据和消费者数据进行相关性分析，用得到的相关系数来评估情感匹配度的高低，即为情感匹配质量。分析结果如表 4-6 所示，与每个样品强相关的类别都有被加粗标黑。

相关性分析的结果，最后有列出与每个样品强相关的类别　表 4-6

产品 ID（Pm）	皮尔森相关系数						原始类别		强相关类别	
	K1	K2	K3	K4	K5	K6				
P1	−0.101	−0.613	−0.288	0.399	**0.756**	−0.421	K5	牛奶 & 咖啡	K5	牛奶 & 咖啡
P2	0.346	−0.724	−0.799	0.659	**0.815**	−0.166	K5	牛奶 & 咖啡	K5	牛奶 & 咖啡
P3	−0.206	−0.235	−0.098	**0.791**	0.585	−0.410	K4	果汁	K4	果汁
P4	−0.429	0.137	0.160	**0.604**	0.222	−0.286	K4	果汁	K4	果汁
P5	−0.241	0.574	**0.886**	0.023	−0.360	−0.086	K3	茶饮料	K3	茶饮料
P6	−0.377	−0.317	−0.160	**0.739**	**0.712**	−0.586	K3	茶饮料	K4 K5	果汁饮料 牛奶 & 咖啡
…	…	…	…	…	…	…	…	…	…	…
P59	−0.135	0.501	**0.626**	0.308	−0.244	−0.115	K3	茶饮料	K3	茶饮料
P60	0.566	−0.393	−0.639	0.224	**0.588**	0.360	K2	水饮料	K5	牛奶 & 咖啡

（3）结果讨论

根据相关研究的讨论[19]、[20]，我们通过设定一定的评判标准，确定几个匹配质量量级，并对每个饮料瓶类别在不同匹配质量量级下对应的设计样品进行归类。

将视觉匹配精度在 80% 以上，情感匹配相关性在 0.8 以上的样品定义为高质量的设计；

将视觉匹配精度在 50% ~ 80% 之间，情感匹配相关性在 0.5 ~ 0.8 之间的样品定义为中等质量的设计；

将视觉匹配精度在 50% 以下，情感匹配相关性在 0.5 以下的样品定义为低质量的设计。

以碳酸饮料为例，最终归类的结果见表 4-7，可以进一步通过分析获得实验样品与类别之间低匹配质量的原因，这个过程有助于设计师向优秀产品的设计策略进行学习与借鉴。

碳酸饮料类别的感性匹配　表 4-7

碳酸饮料		相关的设计样品								
		高排名					低排名			
视觉匹配	产品 ID	P8	P43	P15	P29	P49	P19	P35	P12	P38
	外形									
	匹配精度	100%	93.33%	88.89%	82.22%	77.78%	77.78%	60.00%	55.56%	44.44%
情感匹配	产品 ID	P8	P15	P29	P35	P19	P43	P49	P12	P38
	外形									
	相关性系数	0.925	0.915	0.746	0.473	0.300	0.018	-0.077	-0.160	-0.474

从表 4-3 中我们可以看到，匹配精度相对来说还是很高的，最低的分值超过了 40%，其余都超过 50%，表明对消费者来说碳酸饮料的瓶身设计相对比较容易辨识。

高质量的设计为：P8，可口可乐；P15，雪碧。

P8，在视觉和情感匹配数据中均是最高分，而它对应的是可口可乐瓶子的设计，全世界最知名的碳酸饮料。如图 4-33，我们对可口可乐的瓶子设计进行分析，来研究它为什么成功。将整个外形设计分解成很多设计符号我们可以发现，从视觉认知角度，瓶子上有突出的点状阵列似乎是模拟气泡的样子，这暗示着该瓶是碳酸饮料。另外，整个瓶子的形状有一种向上的感觉，给人以要喷射的印象。从情感认知角度，从 SD 实验的结果可以看到，可口可乐瓶子的外形设计主要贴近"充满活力的"、"年轻的"、"刺激的"和"令人愉悦的"这些感性词汇。这些情感认知完全符合可口可乐的广告词所要传达的情感，如"充满活力的"和"年轻的"符合 1989 年在加拿大的口号"挡不住的感觉"，"刺激的"在 2009 年澳大利亚的广告语"真正的味道，令人振奋"中有所反映等。"令人愉悦的"符合其 2009 年在美国的广告"开启幸福"所要传达的感觉。此外，从1916 年第一次使用，流线型的轮廓曲线变成为可口可乐一个显著不变的特征。不可否认，可口可乐品牌的悠久历史以及普及使得其产品形象已经具有很高的识别度，也增加了消费者识别出来的可能性。

图 4-33
可口可乐的瓶子
设计

中等质量的设计为：P29，醒目，水果口味的碳酸饮料，可口可乐公司。

醒目之所以没成为高质量设计的主要原因是相关性分析的数据为 $r = 0.746$。P29 与 P15 的外形设计非常相似，拉低 P29 匹配质量的主要原因可能是因为没有气泡样的装饰来给以碳酸化的暗示，不过它流线型的外形依然在视觉匹配方面取得了好的表现。

低质量的设计：P38

P38 瓶子的设计有很少的装饰，同时产品的拱形轮廓给人以阳刚的、力量的感觉，使得它更容易被被试分到运动饮料的类别。另外，P12 被误分到果汁的类别（果汁：f =17.78%，r =0.944），但是，美年达是一种混合碳酸饮料和水果饮料，可能它模糊的产品外形使得其匹配质量比较低。另外一款来自可口可乐公司的知名的碳酸饮料产品，芬达（P43），也是非常极端，视觉匹配的精准度高达 93.33%，但是相关性分析却只有 0.018，但是与果汁类别的相关性高达 0.695，说明它的外形设计给人以碳酸饮料和果汁的混合形象，比如瓶身上气泡的装饰给人以碳酸饮料的感觉，但是球状部分的设计有点像橙子等水果的外形，因此又给人以果汁的感觉。因此，芬达的推广应该从产品所引发的感情着手，如"刺激的"和"天然的"。这也说明了混合饮料需要考虑其组成，然后塑造一个整体的形象。同时，感性匹配的过程也有助于识别比较重要的设计元素以及模糊的设计特征，从而帮助设计师改善产品推广策略。

总结起来，碳酸饮料主要给消费者传达一种年轻和激情的感觉。一个向上感觉的外形和流线型的外形都比较推荐，同时，气泡状图形也有助于瓶子外形的识别。

其他类别的最终结果与分析内容我们这里不再一一列举，大家感兴趣的可以从论文"A preliminary study of perceptual matching for the evaluation of beverage bottle design"[20] 中看到。

（4）最终结论

视觉匹配方面，产品设计中符号化特征的使用是提高产品匹配质量的经典方式，一般以各种设计元素为主，如点、线或者颜色等。

情感匹配方面，构建情感与设计特征之间的映射模型是提高匹配质量的一种方法。可以将设计师的目标与消费者的感性需求，转换成相应的设计特征，确保情感的准确传达。感性工学中介绍了很多的理论和实践方法，可以用来构建映射模型，如联合分析。

总的来说，大多数最佳匹配都来自知名品牌。显然，知名度高的品牌也更容易被识别，但这也说明了品牌和品牌策略的重要性。具有显著特点和鲜明个性的产品，加上有效的品牌推广，才更容易吸引消费者，并成功被消费者记住，从而获得巨大的商业上的成功。

4.4　感性意象驱动的产品族设计 DNA

4.4.1　产品族风格意象

风格意象是产品的外在感觉，主要通过设计师的设计策略进行塑造，以满足消费者的风格偏好[22]。感性意象是研究产品族风格意象的主要方法，它主要应用工程技术手段来探讨"人"的感性与"物"的设计特性间关系。感性意象以语义差异法为基础，通过学习研究对象的语义，把风格这种主观感觉通过 Likert 心理量表映射量化为客观数值，通过联合分析、多维标度感性空间等数理统计方法和计算机技术来建立感性意象与设计特征之间的映射关系，将人们模糊不明的感性意象需求转化成新产品的设计要素。

风格意象是产品族的核心竞争力，一直被认为是企业生命的 DNA。而企业的产品族设计 DNA 又由企业产品的设计基因组成，是企业长期发展过程中沉淀下来的精髓，集合了品牌特质的内涵。风格意象的提取需要结合多学科知识，从企业的本身、竞争对手和满足用户以及市场出发，挖掘品牌利益的核心诉求点，它是品牌所聚焦人群的一个相对稳定的"某种共同特质"。

通过电话机产品的外观设计为案例，阐述如何通过感性意象的方法来驱动面向风格意向的产品族外形基因的设计。

4.4.2　面向风格意象的产品族外形基因设计体系

在工业设计中，面向风格意象的产品族外形基因设计主要涉及三大知识模块，主要是产品族外形基因的提取与表达、产品族风格意象研究、产品族外形基因与风格意象之间的映射，研究框架如图 4-34 所示。

1. 产品族外形基因的提取与表达

（1）外形基因提取研究

产品族外形基因依附于产品要素，通过产品部件和样式进行表达，如图 4-35 所示。产品族外形基因既有可能是单个部件样式特征，也可以是由一系列部件或样式特征构成

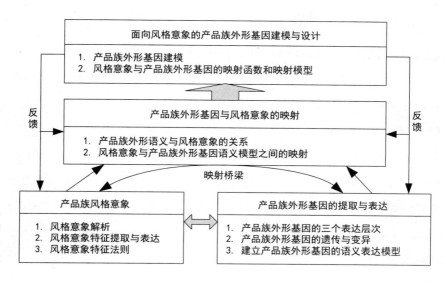

图 4-34
面向风格意象的
产品族外形基因
体系构建

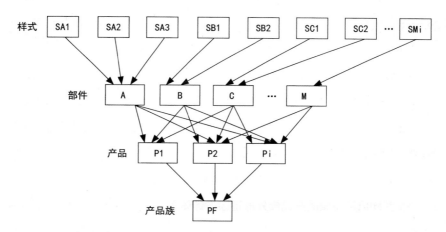

图 4-35
产品族外形基因
的构成

的整体。这些我们在第 2 章中已经提过。

　　由于以产品要素为载体，产品族外形基因必然符合产品的造型规则。通过对产品包含的部件、部件样式、部件布局关系、线面体造型元素进行识别，归纳部件和样式在表达产品内在关联和家族化时的应用规律，在归纳共性的基础上提取外形基因，并按照应用特征差异区分基因层次，分别提取产品族外形设计的通用型基因、可适应型基因和个性化基因。

（2）外形基因的表达研究

方法一：外形基因的特征线表达

为了将抽象的外形基因转化为具象的可见形式。需要通过工业设计的手法，用简洁的视觉元素对外形基因进行概括性的描述与表达。国内外已有关于汽车外形设计的研究[23,24]中，通常采用特征线的方式对汽车的外形基因进行描述。

特征线是有特定结构约束和造型内涵的产品外形构造线。从形状来说，点、线、面是表达对象形态的基本要素。点数量繁多，位置自由，但对形状的描述不够充分；面能最好地反映形体构成，展示形体内容，但也最为复杂，特别是立体曲面，表达难度较大。而线源于点而展成面，在形状表达上起到"承上启下"的造型作用，相对之下没有点的琐碎和面的冗余，是理想的外形表达方式。

特征线表达对设计人员的绘图技能与形态概括能力具有较强的专业性要求。创建时通常要求设计人员在图解思维（Graphic Thinking）的辅助下[25]，通过草图、速写等方式[26,27]，将对象的形体利用数量有限的特征线概括地表达出来。

方法二：外形基因的形状文法表达

有些时候为了使外形基因参与进化计算，需要将具象化的外形基因图形转化为参数化的计算机语言，使计算机辅助编程运算成为可能。这时候采用最多的便是本书 3.3 章节中提到的形状文法的方法来进行外形基因的参数化描述。

2. 风格意象与产品族外形设计元素之间的映射

产品族外形设计元素与风格意象之间的深层次的映射关系研究目前还比较少，映射方法和技术一般以语义差异法为基础，结合多种数学方法和计算机技术来实现。部分学者就风格意象与产品外形元素之间的映射关系作了初步的探索，如文献[28]采用灰色关联分析模型分析了产品外形元素与产品意象之间的映射，并以手机设计为例，采用灰色预测模型和神经网络模型来预测和建立最佳的外形设计组合，帮助设计师决定最佳的手机外形设计方案。文献[29]开发了一个电子门锁自动设计系统，采用模糊神经网络算法建立产品外形参数与主观意象形容词之间的关系，通过遗传算法来推断最符合设计师需求的产品外形。文献[30]以小刀设计为例，采用基于数字定义的方法构建了产品外形特征与用户感性意象之间的关系。

　　风格意象是由产品的外形特征形成的，外形特征的下一个层次是基因单元。运用拓扑学和形态学方法，我们研究产品族外形基因的特征、建构法则与顺序，构造"风格意象——外形特征——外形基因"三层表达体系，建立产品族外形与风格意象之间的映射；建立"通用型基因、可适应型基因和个性化基因"之间的关系，建立风格意象与产品族外形基因的映射，将原来割裂的设计师的编码过程以及消费者的解码过程融合起来，如图 4-36 所示。

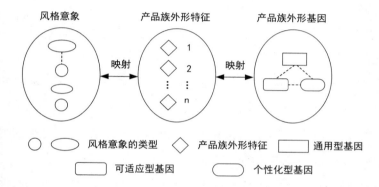

图 4-36
风格意象与产品族
外形基因的映射

4.4.3 案例分析

　　以电话机产品为案例，研究产品族风格意象（心理的意象特征）与外形基因（物理的外形特征）的提取与表达，识别产品族主要外形基因，建立产品族外形基因与风格意象之间的映射模型，构建了面向风格意象的产品族外形基因建模与设计系统，支持用户和设计师在同一平台上展开设计。系统主要由三个模块构成，如图 4-37 所示。

1. 产品族风格意象

　　产品族风格意象模块主要由原始感性描述资料库、词汇处理机、感性意象资料库以及用户界面组成（如图 4-37"产品族风格意象"区域所示）。产品族的风格意象最终以一系列互为反义词的感性语义形容词对其进行描述，如："粗犷—细致"等，便于被试表达对某一种感觉的正反评价，通过风格意象实验来获取。

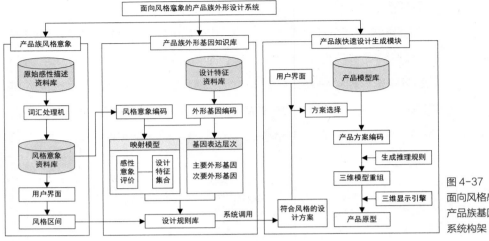

图 4-37
面向风格感知的
产品族基因设计
系统构架

（1）样本选择：从市场上收集国内外各式电话机产品样本 70 个，去掉干扰性的标识，如品牌标志等，剩下 30 个具有典型特征的图片作为实验样本。

（2）被试选择：邀请 30 位电话机用户（作为被试参与风格意象实验，男性顾客 18 名，女性顾客 12 名，年龄在 20 ～ 50 岁之间）。

（3）实验进行：对照电话机样本，要求被试结合电话机产品外观，使用最能直接反映当时想法的、最生活化的简短词句表述自己的感觉，得到被试对电话机风格意象的原始感性描述。

（4）结果分析：共收集到 112 条被试对电话机风格意象的原始感性描述，由于这些描述基本由朴素的、主观的、简略的词句组成，因此需要语义学专家组对被试的口语材料进行分析，合并精简相类似的表达，共获得 20 组描述。通过因子分析，最终得出与电话机产品相关的 6 个主要感性风格意象，分别是：S1: 年龄感（成熟—年轻），S2: 复杂度（简洁—复杂），S3: 装饰性（实用—装饰），S4: 功能性（商务—家用），S5: 细致度（粗犷—细致）和 S6: 时代感（现代—复古）。

2. 产品族外形基因构建

产品族外形基因知识库的构建主要包括外形基因构建、外形基因与风格意象的映射和主要外形基因识别（如图 4-37 "产品族外形基因知识库" 区域所示）。

根据各产品族外形基因层次的特点，通用型基因的外形特征在产品系列化过程中保持固定，具有较强的延续性，而可适应型基因和个性化基因在系列化过程中受到的限制较多，外形变化较大，延续性较弱，不适合直接用于统一化设计。本设计系统中所定义的外形基因主要为通用型基因，其外形固定，可以直接在大量设计方案中进行快速地重复应用，使产品族展现出具有遗传性的风格意象。

在产品族外形基因构建步骤中，3 位资深设计师对 30 个典型电话机样本进行了形态层次分析，总结出电话机产品主要包括机身、听筒、按键（包括数字键和功能键）、显示屏、布局关系等五类外形部件，并归纳出各外形部件常见的设计特征，构建产品族外形基因。为构建二维的系统界面，外形基因用特征线描绘的方式通过二维的概括性图形表示，如表 4-8 中所示。这些基因指向系统模型库中的三维电话机部件，用户在系统中真实预览和评价的设计方案都是三维的电话机产品。

外形基因编码后储存于产品族外形基因知识库中，如表 4-8 所示。基于该知识库，每一个电话机方案可通过由 5 个外形基因编码构成的集合形式进行表达，如方案 [a3，b4，c2，d2，e1] 代表矩形听筒、矩形机身、数字键、无显示、水平分布的电话机设计。

电话机外形部件和外形基因编码　表 4-8

外形部件	外形基因			
A 听筒	a1：哑铃形	a2：有机形	a3：矩形 / 矩形体	a4：拱形
B 机身	b1：有机形	b2：面包形	b3：圆角矩形	b4：矩形 / 矩形体
C 按键	c1：轮盘	c2：数字键	c3：数字功能键	
D 显示屏	d1：有	d2：无		
E 布局关系	e1：水平	e2：垂直		

3. 产品族外形基因与风格意象的映射

作为系统的核心部分，外形基因知识模块主要由产品族外形基因和风格意象的映射关系构成。产品族风格意象的形成取决于产品外形部件中的外形基因。不同的外形基因使所属部件展现出不同的风格意象，同时不同外形部件对于产品整体风格的影响程度也各不相同。

根据感性工学研究的相关方法，可通过联合分析（Conjoint Analysis，CA）等数理统计法，将产品外形对整体风格的影响量化为外形部件的权重和外形基因的贡献率，并基于这两个指标构建产品族外形基因和风格意象评价值之间的映射模型，将产品的部件设计和整体设计间的关系表达出来。

在映射关系建立实验中，首先需要基于语义差异法实验获取产品整体外观在各感性词汇上的评价值。实验流程如下：

（1）样本选择：根据表 4-8，电话机主要包含 5 类外形部件，根据每类部件中的基因数，共可以组合出 4×4×3×2×2=192 种电话机。对如此庞大数量的电话机做感性研究既没有必要，其结果也不可靠。为简化实验，建立了 L16（4² × 3¹ × 2²）正交计划表，覆盖所有外形部件和基因。然后从搜集的电话机产品中选择符合正交计划表描述的 16 个产品作为感性评价实验样本。

（2）被试选择：再次邀请 20 位电话机用户（男性 13 名，女性 7 名，年龄从 20 至 50 岁不等）。

（3）实验进行：在实验开始前，基于 6 个电话机相关感性风格意象词汇建立 7 点量表评分问卷，其中各词汇对左端对应"-3"，右端对应"3"，中点为"0"。以风格 S6"现代 – 复古"为例，最左端的"-3"分代表"非常现代"，中间的"0"分代表"中等"，最右端的"3"分代表"非常复古"。要求被试基于该问卷，根据自己对 16 个电话机样本的感受完成语差法评价。

（4）结果分析：统计得到 20 位被试对于 16 个电话机样本在每个感性风格上的评分均值。将评价值送入 SPSS 中，结合正交计划进行联合分析，分析完毕后获得各外形部件在该风格意象评价中所占权重和各外形基因的贡献率，如表 4-9 所示。

在得出的结果中，q 为各外形部件权重，用于定义各部件对产品整体风格的影响程

表 4-9 各外形部件在风格意象评价上的权重和各外形基因的贡献率

外形部件	外形基因	S1: 成熟—年轻 贡献率(u)	S1 权重(q)	S2: 简洁—复杂 贡献率(u)	S2 权重(q)	S3: 实用—装饰 贡献率(u)	S3 权重(q)	S4: 商用—家用 贡献率(u)	S4 权重(q)	S5: 粗犷—细致 贡献率(u)	S5 权重(q)	S6: 现代—复古 贡献率(u)	S6 权重(q)
A: 听筒	a1: 哑铃形	-1.696		2.617		1.773		-1.265		-1.559		2.569	
	a2: 有机形	-1.119		0.024		0.655		1.095		0.562		-0.136	
	a3: 矩形/矩形体	5.002	38.06%	-3.002	22.14%	-2.550	15.09%	0.145	16.52%	2.985	29.12%	-3.934	35.85%
	a4: 拱形	-2.187		0.361		0.122		0.026		-1.988		1.501	
B: 机身	b1: 有机形	1.408		4.595		3.019		1.884		1.826		2.055	
	b2: 面包形	-0.157		-0.842		-3.468		1.163		-1.445		-0.387	
	b3: 圆角矩形	-0.068	13.42%	-2.992	29.90%	1.302	22.65%	-1.869	21.93%	-0.825	22.79%	-0.988	16.78%
	b4: 矩形/矩形体	-1.183		-0.761		-0.852		-1.177		0.444		-0.680	
C: 按键	c1: 轮盘	-4.010		-1.258		-1.918		2.970		-3.363		4.261	
	c2: 数字键	3.405	39.69%	-3.815	35.02%	-5.430	44.61%	2.597	50.01%	0.028	38.91%	-1.047	41.21%
	c3: 数字功能键	0.605		5.073		7.348		-5.567		3.335		-3.214	
D: 显屏	d1: 有	0.589	6.36%	0.255	2.01%	0.051	0.355%	-0.477	5.60%	0.287	3.31%	-0.019	0.21%
	d2: 无	-0.589		-0.255		-0.051		0.477		-0.287		0.019	
E: 布局关系	e1: 水平	0.249	2.47%	1.387	10.93%	2.477	17.30%	-0.507	5.93%	0.110	5.87%	0.540	5.95%
	e2: 垂直	-0.249		-1.387		-2.477		0.507		-0.110		-0.540	

度，各外形部件的权重值可表示为 q^a、q^b、q^c、q^d 和 q^e；u 为外形部件中具体外形基因对该部件风格的贡献率，各基因的贡献率值可表示为 u_x^a、u_y^b、u_z^c、u_m^d 和 u_n^e，其中 x、y、z、m 和 n 分别指代各外形部件中包含外形基因的数量。

根据联合分析法原理，基于这两个指标，消费者对于电话机设计在某风格意象上的评价分值（S）事实上可以表达为以外形基因为自变量的多维线性模型，计算公式如 Eq.1 所示：

$$S = u_x^a * q^a + u_y^b * q^b + u_z^c * q^c + u_m^d * q^d + u_n^e * q^e \quad (Eq.1)$$

根据该映射模型，若已知电话机产品的外形基因，便可以计算出该方案在某风格意象上的映射分值。例如，电话机设计方案 [a1, b3, c1, d2, e2] 在风格意象 S6（时代感）上的感性评价值可由 Eq.1 计算得：

（2.569）*35.85%+（−0.988）*16.78 %+（4.261）*41.21%+（0.019）* 0.21%+（−0.540）*5.95%=2.479

同理，基于该模型，处理机能根据输入的期望风格自动调用算法，基于风格编码映射生成产品族设计方案。例如，已知用户在"时代感"上的风格需求区间为"2"至"3"时，则设计方案 [a1，b3，c1，d2，e2] 会作为满足条件的设计方案向用户推荐。

4. 产品族主要外形基因识别

根据上一步得出的映射模型，权重较大的外形部件和这些部件中贡献率较大的外形基因在风格意象分值的计算中占主导因素，说明此类外形基因对产品族风格的影响较强，可定义为主要外形基因，作为通用型基因在系列化产品中统一使用。

以风格 S6"现代—复古"为例，外形部件 A（听筒）和 C（按键）所占的权重值之和达 77.06%，其他部件仅占 22.94%，因此可认为这 A 和 C 是"时代感"风格的主要关联部件。观察这两类外形部件内各外形基因的贡献率分值,发现 a1（哑铃形听筒）和 c1（轮盘形拨号键）与"复古"风格关联最大，a3（矩形听筒）和 c3（数字功能键）与"现代"风格关联最大。由此可定义 a1、c1 为复古风格电话机的主要外形基因。若要开发复古风格的电话机系列产品，可将哑铃形听筒和轮盘拨号键作为通用型基因，在系列化方案中统一运用，无论其他外形部件如何变异，这两种遗传性基因仍能使产品族保持复古的风格形象。同理，a3、c3 为现代风格电话机的通用型基因，矩形听筒和数字功能键能使产品族保持较为一致的现代感风格形象。

5. 产品族快速设计生成模块

产品族快速设计生成模块将上述设计方案编码转变为可视化的电话机产品图像，其功能实现流程如图 4-37 "产品族快速设计生成模块" 区域所示。

用户选择方案后，通过编码的方法调用系统内部的产品模型库，根据产品各部分间既有的分布规则进行组合，模拟成一个完整产品的形象并显示出来。本文的快速设计模块在 SolidWorks 和 Visual C++ 的基础上经由二次开发生成。SolidWorks 提供的渲染（rendering）功能可以快速地显示产品的三维模型，便于用户观察；并且它还提供 OLE 档案链接，在其中绘制的模型可以通过预先设定特征基的尺寸集指令，利用 C++ 指令语法改变其尺寸，界面如图 4-38 所示。具体的使用流程如下：

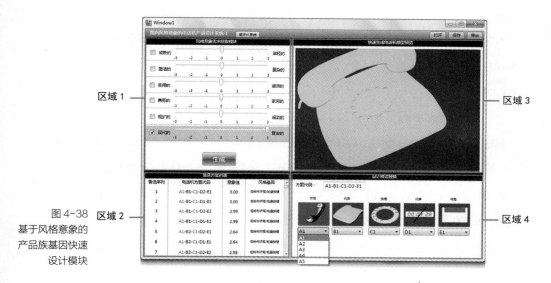

图 4-38
基于风格意象的
产品族基因快速
设计模块

（1）风格意象需求获取

在产品设计开发前，设计师通过市场调研进行用户研究，获取风格意象需求，确定设计目标。设计师，包括其他产品开发人员可以利用单机版或者通过网络进入系统的快速设计模块中，在风格获取界面（图 4-38 区域 1）中点选目标风格。为了表示目标风格的强烈程度，对这 6 个风格意象采用 Likert7 点量表评分机制，并将互为反义的感性词汇置于两端。用户可直观地根据风格意象需求拖动滑块，设置预想的风格分值区间。

若一设计师想要开发一系列较为复古感的电话机，首先在风格意象获取界面中勾选"时代感"，然后向右移动滑块，设置在区间"0-3"（"中等"到"非常复古"）中，最后点击"生成"按钮，完成风格输入。

（2）映射风格意象的方案编码生成

获得风格意象需求后，系统后台根据风格区间，锁定对应的产品族外形基因，同时基于映射规则将含有此基因并符合分值区间的设计方案筛选出来。

继续以（1）的复古电话机开发为例，获取"复古"风格意象后，系统对电话机的外形基因进行层次识别。根据 4.4.3.4 的内容，a1（哑铃形听筒）和 c1（轮盘形拨号键）为"复古"风格相关的主要外形基因。系统锁定 a1 和 c1，并对其他外形基因编码进行随机排列组合，生成大量产品族设计方案，然后按照 Eq.1 计算方案的风格意象分值。随后，系统挑选出所有符合风格区间的设计方案，按照分值从高到低罗列在"备选方案列表"一栏中（图 4-38 区域 2），主要外形基因标注红色，代表被锁定。

（3）产品方案选择与显示

继续以复古电话机开发为例，设计师在生成的备选列表中点选复古分值最高的方案 [a1，b1，c1，d2，e1]，快速设计模块根据编码从产品模型库中调用对应的三维模型，根据电话机各部件分布规则以布尔加运算的方式构建电话机模型，在预览区域（图 4-38 区域 3）里直观地显示出来。在预览区域中通过鼠标的拖曳和滚轮功能可对应实现产品模型的旋转和缩放，便于用户从各个角度观察电话机设计。

（4）设计样式选择

考虑到产品族基因是某一类形体的概括，本身存在多样性，譬如矩形机身既可以是正方形也可以是长方形。为更好地辅助用户寻求理想的设计方案，该快速设计模块附加了样式选择功能，允许用户在选定方案后，继续在界面中（图 4-38 区域 4）进行样式的自由替换，以得到更满意的方案。

在最终选定电话机设计方案后，用户可将方案储存在系统中或进行输出。系统提供了多种结果输出格式，包括 JPEG、BMP、TIFF 等图片格式和 SAT、MD3、OBJ 等三维模型格式，便于设计师依照具体所需应用选定的方案。

6. 产品风格意象设计评价模块

基于映射模型 Eq.1，若已知产品外形特征，可以推理出产品在某一个风格上的感性评价分值。基于该原理，构建了与快速设计模块流程相反的设计评价模块，用于已完成产品的风格评判，模块界面如图 4-39 所示。

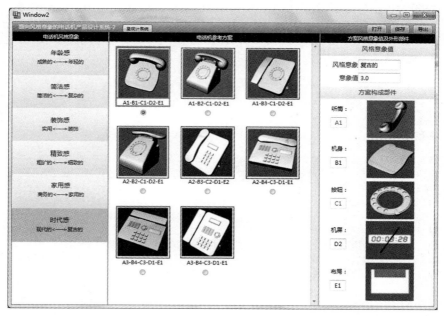

图 4-39
基于风格意象的产品设计评价模块

当设计师按照自身审美及经验完成产品快速设计开发后，获得的方案储存在系统的方案库中，久而久之可以获得大量的电话机产品设计方案。日后设计师或消费者等人员可以根据电话机风格对已有的设计方案进行浏览。选取某一电话机方案后，系统提取该方案的特征编码，基于映射模型计算出该方案的风格意象分值，并将分值、方案构成部件以及主要的产品族基因显示在"方案风格意象值和外形部件"一栏中。用户通过该评价模块可直观地了解方案展现出的风格和信息，并根据结果提出修改意见。

该系统同时包含面对新产品开发的快速设计模块和面对已有设计方案的风格评价模块，两者间能进行快速切换，以适应用户的不同需求。系统操作简单、易用，界面易于理解，提供了许多高质量的设计推荐，弥补了设计师在理解需求上的片面性，提高了方案决策的效率。

　　该系统具有如下优点：

　　（1）通过系统，用户和设计师可以在同一个平台上协同工作，加强了两者间的沟通，利于创造出更受大众欢迎的产品。

　　（2）由于电话机产品造型的多样性，系统具有高度的灵活性和开放性，其产品模型库和产品相关的风格类型都可以根据具体需求进行灵活修改。

　　（3）具备双向的推理能力。能够实现从风格意象推理得到供设计参考的产品，反过来，能够从产品推理到与之对应的风格意象。

本章注释：

❶ 彭聃龄 . 普通心理学 . 北京：北京师范大学出版社 [M]. 2004:388.

❷ 罗仕鉴，潘云鹤 . 产品设计中的感性意象理论、技术与应用研究进展 [J]. 机械工程学报，2007，43（3）：8-12.

❸ Pieter MA.Desmet. Measuring Emotions[DB/OL]. http: //citeseerx.ist.psu.edu/viewdoc/download? doi = 10.1.1.104.1400&rep= rep1&type=pdf，2010-07-14.

❹ 吴珊 . 家具形态元素情感化研究 [D]. 北京林业大学博士论文，2009：12.

❺ [美] 鲁道夫·阿恩海姆著 . 滕守尧，朱疆源译 . 艺术与视知觉 [M]. 成都：四川人民出版社，2004(2).

❻ 李璞译，华健校 . 感觉：视觉、听觉、触觉、嗅觉和味觉 [J]. 国外科技动态，1998（9）：26.

❼ C.K.Prahalad.The Future of Competition: Co-Creating Unique Value with Customers[M]. 2003.

❽ NAGAMACHI M. Kansei engineering: A new ergonomic consumer-oriented technology for product development[J]. International Journal of Industrial Ergonomics, 1995, 15（1）: 3-11.

❾ KASHIWAGI W, MATSUBARA Y, NAGAMACHI M. A feature detection mechanism of design in KanseiEngineering[J]. Human Interface, 1994, 9（1）: 9-16.

❿ 陈国祥，管倖生，邓怡莘，等 . 感性工学——将感性予以理性化的手法 [J]. 工业设计（中国台湾），2001，29（1）：109-123.

⓫ 苏建宁，李鹤岐 . 基于感性意象的产品造型设计方法研究 [J]. 机械工程学报，2004，40（4）：164-167.

⓬ 张军，赵江洪 . 意象尺度法与产品设计研究 [J]. 装饰，2002（7）：21-21.

⓭ 朱上上，罗仕鉴，赵洪江 . 基于人机工程的数控机床造型意象尺度研究 [J]. 计算机辅助设计与图形学学报，2000，12（11）：873-875.

⓮ 赵洪江，欧静，张军 . 色彩意象尺度在数控机床 ICAID 系统中的研究及应用 [J]. 湖南大学学报（自

然科学版），2004，31（6）：83-86

⑮ LUO shijian, TANG Mingxi, ZHU.Shangshang, et al. A preliminary semantic differential study on users' product from perception[C]// The Human Factors and Ergonomics Society 47th Annual Meeting, October 13-17, 2003, Denver. Saint Louis: Mira Digital Publishing, 2003: 806-810

⑯ OSGOOD C E, SUCI C J. TANNENBAUM P H. The measurement of meaning[M]. Urbana: University of Illinois Press, 1957.

⑰ PETIOT J F, YANNOU B. Measuring consumer perceptions for a better comprehension, specification and assessment of product semantics[J]. International Journal of Industrial Ergonomics, 2004, 33（8）: 507-525.

⑱ Do, H.H., Melnik, S., Rahm, E., 2002. Comparison of schema matching evaluations. In Proceedings of the 2nd Int. Workshop on Web Databases 2002.

⑲ Liao, Y., Vemuri, V.R., 2002. Using text categorization techniques for intrusion detection. Proc. 11th USENIX Security Symposium, 51-59.

⑳ Das, P., Bhattacharyya, D., Bandyopadhyay, S.K., Kim, T., 2009. Person identification through IRIS recognition. International Journal of Security and its Applications, 3（1）: 129-147.

㉑ SJ Luo, YT Fu, P Korvenmaa. 2012. A preliminary study of perceptual matching for the evaluation of beverage bottle design. 42（2）: 219-232.

㉒ 黄琦，孙守迁. 产品风格计算研究进展. 计算机辅助设计与图形学学报，2006，18（11）：1629-1636.

㉓ 胡伟峰，赵江洪，赵丹华. 基于造型特征线的汽车造型意象研究[J]. 中国机械工程，2009，20(4)：496-500.

㉔ M. Tovey, S. Porter, R. Newman. Sketching. Concept Development and Automotive Design[J]. Design Studies, 2003, 24（2）, 135-153.

㉕ 罗仕鉴，潘云鹤，朱上上. 产品设计中基于图解思维的隐性知识表达[J]. 机械工程学报，2007，6，93-98.

㉖ E.Y. Do. Design Sketches and Sketch Design Tools[J]. Knowledge-based Systems, 2005, 18（8）: 383-405.

㉗ R. Juchmes, P. Leclercq, S.Azar.A Freehand-sketch Environment for Architectural Design Supported by a Multi-agent System[J]. Computers & Graphics, 2005, 29（6）: 905-915.

㉘ 赵刚，江平宇. 面向大规模定制生产的e-制造单元目标层解分析优化规划模型[J]. 机械工程学报，2007，43（2）：178-190.

㉙ 罗仕鉴，朱上上，冯骋. 面向工业设计的产品族设计DNA研究[J]. 机械工程学报，2008，7.

㉚ 朱上上，罗仕鉴，应放天，何基. 支持产品视觉识别的产品族设计DNA[J]. 浙江大学学报（工学版），2010，44（4）：715-721.

第 5 章
用户知识与设计知识

市场经济瞬息万变，消费者的购物模式及消费偏好也在悄然发生着改变，现在的产品设计已经从功能主义（形式追随功能，Formfollows function）、情感主义（形式追随情感，Formfollows emotion）转向现在的形式和功能必须实现梦想（Form and function must fulfill fantasy）。一件好设计的产品不仅要满足用户的生理需求，更要满足用户心理上的需求。

　　随着生活水平的提高，在消费物质产品的基础上，消费者更加关注的是一种感觉，一种情绪上、智力上甚至精神上的个性体验。消费者愿意为这种感觉买单。产品开发和设计已经越来越重视用户的认知和情感。

　　随着世界工业设计的不断发展，曾经以技术为主题的设计，转向以用户为中心（User-centered），以技术为客体的设计。事实上，消费者在购买前会通过各种渠道搜集产品相关信息，从而形成一定的心理预期，这些信息及期待通过知识的形式储存在消费者的大脑之中。如果商家能够通过一定的方式获取相应的用户知识，进一步理解用户，运用自身的设计知识定义出用户的需求信息，指导设计，做出符合消费者预期、满足消费者需求的产品，那么离成功机会越来越近。因此，研究用户知识，规范设计知识使之与用户知识相匹配，以便用户能够更好地认知产品已经成为新一代产品设计研究的趋势，具有重要的市场意义。

5.1 用户知识

5.1.1 知识

维基百科中关于知识的定义是："知识是对某个主题确信的认识，并且这些认识拥有潜在的能力为特定目的而使用。意指透过经验或联想，能够熟悉进而了解某件事情；这种事实或状态就称为知识，包括认识或了解某种科学、艺术或技巧"。此外，亦指通过研究、调查、观察或经验而获得的一整套知识或一系列资讯 ❶（图5-1）。

图 5-1
图书馆中获取知识

简单来说，知识指的就是人类在实践中获得的信息，是人对客观世界的认识。

随着社会的发展，这些信息会相应地产生发展和变化。同时，在不同的环境下这些信息会呈现出不同的意义。从这个层面来说，知识是一种不断生长和发展的信息元，人们所获得的知识在不断地更新，直至符合真理真相。

5.1.2　显性知识与隐性知识

从存在的形态来看，可以将知识分为显性知识（Explicit knowledge）和隐性知识（Tacit knowledge）。

（1）显性知识

显性知识又称外显知识，是指能通过语言、文字、肢体等方式明确表达的知识，是存在于书本、文件、手册、说明书等载体之中，甚至可以从互联网上检索和下载并传授给他人的技能和客观事实，也容易被人们学习。它是一种社会化的知识，是可以仿制和异地传播的知识，这类知识比较明确、规范，容易获取。

（2）隐性知识

隐性知识也叫内隐知识，是一种无形的知识，是在书本、文件、手册、说明书等载体中找不到的，是无法轻易描述的技能、判断和直觉，如洞察力、灵感、视觉感受、经验、体会、感觉等，这类知识带有主观性、随意性和模糊性[2,3]。

隐性知识无法通过语言、文字或符号等进行明确表述或逻辑说明，这是隐性知识最本质的特征，但是隐性知识可以被显性化，很多学者提出不同的研究方法用于研究内隐知识，并将其转化为显性数据。

人类的知识结构中隐性知识占据了大部分，而且对于知识的转化和创新意义重大。如果用知识冰山比喻人类知识整体的话，冰山的水面以上相对较小部分是显性知识，水面以下的绝大部分则是隐性知识，如图 5-2 所示。

显性知识

隐性知识

图 5-2
显性知识与隐性知识的冰山理论图

隐性知识是显性知识的前提和基础，显性知识是隐性知识的表象和成果。其特点如表 5-1 所示。

显性知识与隐性知识的关系　表 5-1

	显性知识	隐性知识
概念	能用文字和数字表达出来，容易以数据的形式交流和共享，经编辑整理的程序或者普遍原则	高度个性而且难于格式化的知识，包括主观的理解、直觉和预感等
特点	存在于文档中	存在于人的头脑中
	可编码的	不可编码的
	容易以文字的形式记录	很难以文字的形式记录
	容易转移	难于转移
	稳定、明确	非正式、难以捉摸
	规范的、系统	难以规范，零星
	背后已经建立科学和实证基地	背后的科学原理不甚明确
	经过编码、格式化、结构化	尚未编码、非格式化、非结构化
	运用者对所用显性知识有明确认识	运用者对所用隐性知识可能不甚了解
	易于储存、理解、沟通、分享、传递	不易保存、传递、掌握、分享

5.1.3　用户隐性知识研究

对工业设计而言，用户知识主要源自用户对产品的了解，对产品功能的使用、交互过程，以及对产品造型的审美等一个综合的产品认知和使用过程，也是一个学习和解决问题的过程。

工业设计解决人与产品的交互关系。一方面取决于产品本身，如功能、性能、外观、结构、色彩、声音、材质、味道等，包含了物理的、社会的和文化的情境；另一方面，依赖于用户本身，如情感、目的、任务、感知、期望和能力等。

设计师在开发产品的时候，除了要充分运用显性知识以外，还必须研究藏在用户心里深处与情感认知相关的感受和感觉等情感反应，挖掘用户的隐性知识。隐性知识是独特的，难以转移、模仿和替代，在产品核心竞争优势的构建中具有关键作用。

隐性知识最早是由英国物理化学家和哲学家迈克·波兰尼（Michael Polanyi）提出来的[❹]，他认为隐性知识就是存在于个人头脑中的、存在于某个特定环境下的、难以正规化、难以沟通的知识，是知识创新的关键部分，主要来源于个体对外部世界的判断和感知，源于经验。此后，许多学者分别从哲学、语言学、心理学、教育学[❺]、图书馆学[❻]、管理学[❼]和计算科学等领域对隐性知识进行了研究。

在心理学领域，美国著名的心理学家斯滕伯格等[❽]认为，隐性知识是以行动为导向的知识，是程序性的，它的获得一般不需要他人的帮助，反映了从经验中学习的能力以及在追求和实现个人价值目标时运用知识的能力，通过实验的方法提出了自我管理、他人管理和任务管理三种类型的隐性知识（图 5-3）。

图 5-3
三种类型的隐性
知识

在教育学领域，石中英[❾]认为在教育教学过程中存在着大量的隐性知识，这些知识不易大规模积累、储藏和传播，具有情景性、文化性和层次性的特点。

在管理学领域，温特 (Winter)、尼尔逊 (Nelson)、斯班德 (Spender) 等在对企业能力的研究中，认为企业内部存在着隐含性的组织知识；美国管理学教授彼得·德鲁克 (Peter FDrucker) 和日本管理学教授野中郁次郎 (IkujiroNonaka)[❿] 从个人角度出发，认为隐性知识是高度个人化的，很难规范化也不易传递给他人，主要隐含在个人经验中，同时也涉及个人信念、世界观和价值体系等因素，并提出了显性知识与隐性知识的转化关系。

图 5-4
显性知识与隐性
知识转化

在计算机领域，澳大利亚麦克夸利大学计算机系的黛比·理查兹（Debbie Richards）与彼得·布什（Peter Busch）[11]基于斯滕伯格等人的理论对隐性知识进行了测试，用形式概念分析（Formal concept analysis）方法对隐性知识进行了建模和比较，但是，他们的研究还是初步的，没有提出自己对隐性知识的结构的认识和界定。

上述工作对隐性知识的研究起到了一定的推动作用，为产品设计中的用户隐性知识研究奠定了基础的理论和方法。

5.1.4 产品设计中的用户隐性知识

在产品设计中，用户具有自己特有的隐性知识。用户在认知产品之前，基于过去已有的经验和知识，通常在大脑中会形成对产品的一种"印象"，比如"它应该有哪些功能"、"它看起来像什么"等诸如"4W1H"（what、when、who、where、how）问题。当受到刺激时，就会将这些"印象"提取出来与看到的产品或设计方案进行认知比较。

用户对产品的认知过程，实质上是一个选择、比较、过滤、提取的信息加工过程，滤掉一些繁杂、与记忆中已有的或潜在的信息无关的东西，提取与记忆中信息相联系的内容（图 5-5）。

图 5-5
产品设计中的用
户隐性知识

在接受产品的信息之后,用户通常会在此已有知识基础上进行推断性思维,通过"这种产品像什么"、"这种产品怎么样"等带有隐喻和推理色彩的方式去认知产品,并且总是借着一定的意象形容词(image word),比如"漂亮的"、"现代的"、"休闲的"、"高贵的"等来描述,形成抽象化的认知风格,最终以隐性知识形式储存。其过程如图 5-6 所示。

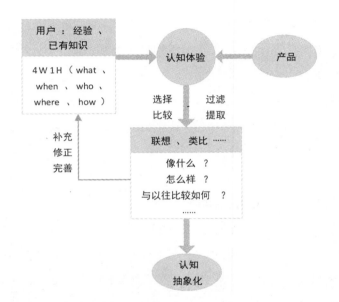

图 5-6
用户的产品认知模型

5.2　设计知识

从产品的角度来讲,现代信息论认为,一件产品所要传达的信息可分为三类:

第一类是"符号信息",传达关于产品本身所涉及的信息知识,如产品的外形、功能、特性、性能、结构、材料以及产品各部分之间的联系等。

第二类是"语义信息",描述产品的外延信息,包括特定的社会价值、文化内涵等。

第三类是"表现信息",包括产品所要表达的情绪与情感等(图 5-7)。

图 5-7
产品的信息

　　同样，设计师具有自己的设计知识。设计知识是设计师的经验、审美、洞察力、价值观等以及产品生产、使用等综合的知识。

　　设计师结合设计目标（用户需求），将构思转化成产品形式（包括符号信息、语义信息和表现信息等），给用户一种诱导；用户根据自己的需求以及所具有的知识，借助以前接触过的或者想象的产品形式，借以产品的外形以联想的方式与设计师的设计知识交互（图 5-8）；当这种交互达到与某种期望一致或者耦合时，那么这一设计就满足用户的要求；当交互不能与期望一致时，就达不到用户的满意度，需要进行修改或者重新设计。

图 5-8
用户知识

　　在工业设计过程中，图形化信息（概念草图、效果图等）既是交流的媒介又是用户选择、评价设计质量的工具，是设计知识的显性化描述。而设计师所拥有但却无法轻易描述的洞察力、灵感、视觉感受（如美感、秩序感）、经验等，尤其是对产品外观美感的创造能力，常常深藏于设计师个人头脑之中，它们只有通过线条、色彩、体面等视觉符号表达出来后才可以被人们所认知，是工业设计的内隐知识。如何通过设计媒介（如产品）和设计手段（如 CAD、CAID），将这一类设计知识表述出来，并且与用户知识达到匹配，是设计研究领域的一个重点和难点（图 5-9）。

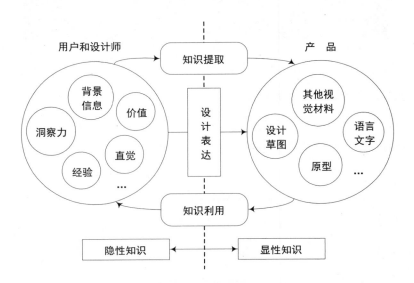

图 5-9
产品设计过程中
知识的转化过程

产品设计体现的是人与周围世界关系中人的价值的实现问题，它是科学、技术和艺术的统一。产品造型所传播的信息包括显性信息和隐性信息两种。显性信息主要包括产品的形状、功能、使用目的、操作方式等人机因素；隐性信息主要指与情感认知相关的感受、感觉等情感反应，具有心理、社会、文化的象征价值。其中，显性信息较好把握，设计程序和设计方法较成熟，而隐性信息则较难获取和表征。将隐性信息表达出来，是工业设计面临的重要课题。

5.3　隐性知识的外显化转移

5.3.1　隐性知识外显化转移研究现状

Scholl 和 Heisig[12] 对欧洲知识管理研究状况和从事知识管理的企业进行调查，结果显示，不论是从事知识管理理论研究的学者，还是知识管理的实践企业，都认为隐性知识和隐性知识的转移是知识管理领域最重要的问题之一。

关于隐性知识转移的研究，主要集中在转移特征、转移过程模型和转移情景模型等方面[13]。许多学者从不同的出发点提出了不同的知识转移模型，可以分为过程模型、要素模型和路径模型[14]。

1. 过程模型

过程模型主要是将整个知识转移分为不同的阶段，具有代表性的是苏兰斯基Szulanski 的四阶段模型以及默娜·吉尔伯特（Myrna Gilbert）和马丁·科尔代 - 海因斯（Martyn Cordey-Hayes）的五步骤模型。

图 5-10
Szulanski 的四
阶段模型[15]

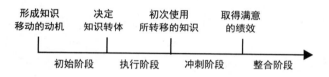

图 5-11
Myrna Gilbert 和
Martyn Cordey-
Hayes 的知识转
移五步骤概念模
型[16]

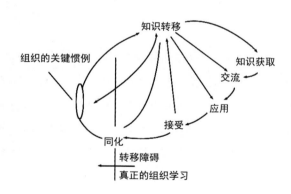

2. 要素模型

要素模型是以知识转移过程中的要素为基础建立研究模型，比较典型是杰弗里（Jeffery）和滕（Teng）提出的知识源、知识受体、转移的知识及转移情境四要素模型和维托 阿尔宾（Vito Albin）等人归纳出的转移主体、转移情境、转移内容及转移媒介四部分知识转移分析框架（图 5-12)。

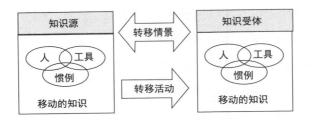

图 5-12
Jeffery 和 Teng 提出的四要素模型 ⑰

3. 路径模型

主要是从知识转移的方式、路径角度来建立模型的，其中比较突出的有野中郁次郎（Nonaka）和竹内（Takeuchi）提出的隐性知识和显性知识相互转化的 SECI 模式。Tomi Hussi 在 SECI 模型的基础上提出了经过一个螺旋上升过程，个人和组织的知识将得到提升 ⑱（图 5-13）。

图 5-13
知识转移路径模型

知识的转移包括知识的发送和知识的接受两个基本过程，这两个过程是由两个不同的参与者（发送者和接受者）分别完成，并通过中介媒体连结起来。知识源展示出来的各项知识，只有经过接受者的理解才能被接受者掌握，才能转化为显性知识（图 5-14）。

图 5-14
从知识源到知识接受者

隐性知识转化为显性知识是外化过程，需要编码、解释和说明；而显性知识转化为隐性知识是内化过程，需要解码、理解和体会。

在工业设计的过程中，设计师总是在了解市场和用户的需求后，根据自己的理解将一系列的需求以图形化的方式表达出来，如草图、效果图等，设计师的设计过程便是将用户知识和设计知识外显化的过程。

图 5-15
童车设计

设计师所拥有的设计经验、设计灵感、设计美感等隐性知识只有通过一定的设计符号外显、表达出来，变成实体产品，让人们通过点、线、面、色彩、质感等具体的显性知识后才能被人们感知和体验（图 5-15）。在这一过程中，可以分为知识转移外显模型和知识转移螺旋模型。

5.3.2 知识转移外显模型

该模型描述了在一定的情境中，设计知识从用户到设计师以及设计师与设计师之间的传播过程，经历了三个阶段，其过程如图 5-16 所示。

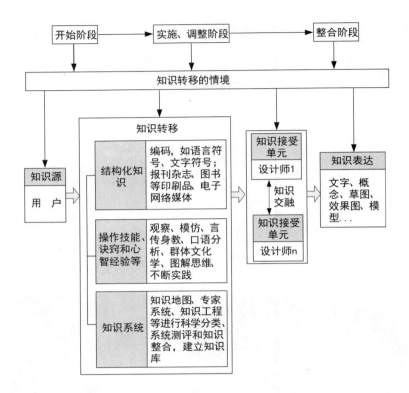

图 5-16
知识转移外显模型

第一阶段是开始阶段：识别嵌入在用户心中的对于产品的隐性知识，包括使用方式、喜好、人机特性等；

第二阶段是实施、调整阶段：在众多的知识源中识别出与接受单元情境相适合的知识后，接受单元就建立起适合知识转移的情境渠道，并对所转移的知识进行调整，使其适应新的情境；

第三阶段是整合阶段：接受单元通过情境转换、分析处理，对转移的知识进行表达，以文字、草图、效果图、模型等形式表示。

5.3.3 知识转移螺旋模型

知识转移螺旋模型描述了产品设计中的隐性知识和显性知识通过情境分析转移为接受单元自身知识的过程，如图 5-17 所示。

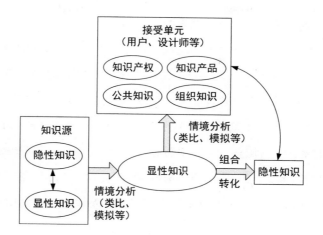

图 5-17
知识转移螺旋模型

图 5-17 模型分为两个阶段：

第一阶段为隐性知识到显性知识的转移过程，此过程通过情境因素的类比和模拟进行。

第二阶段是把显性知识通过组合转化成更复杂和更具有系统性的内部显性知识，同时一部分显性知识则通过更进一步的情境类比和模仿进入接受单元（用户和设计师等）自身的知识包。

5.3.4 用户隐性知识的外显化方法

在工业设计领域，一般通过主观的实验和客观的计算分析，将用户的隐性知识外显化。如问卷法、访谈、口语分析、群体文化学、图解思维、焦点小组（Focus group）、工作坊（Workshop）、任务分析、情境构筑（Scenariobuilding）、讲故事（Storytelling）、语义差异法、感性工学和意象尺度等方法。这些方法各有优缺点，一般结合起来应用，这里主要分析其中的几种方法。

1. 口语分析法

口语分析法我们在 4.3.3 章节已经讲过。

2. 群体文化学

（1）群体文化学概念

群体文化学（Ethnography），又称人种志学、民族志学，主要是通过实地调查来研究群体并总结群体行为、信仰和生活方式。

从文化学的角度来看，任何社会群体都依靠不同的群体角色、角色地位、文化规范以及同类价值意识而存在。一个社会群体或一个文化圈要想生存和发展，就要按照相同或相近的价值目标进行互动。群体的这种价值期望使得他们按照自己的文化规范和价值意识对产品的设计提出了不同的要求和期待。因此，产品的设计能否被认同、接纳，关键看这种设计本身能否体现该群体或文化圈的文化规范、价值取向。消费者在购买商品时，不仅仅是购买商品的使用价值，而主要是购买商品的附加价值（即能满足消费者感情需求的附加功能）。因此，研究群体文化学有助于了解用户的感性需求和隐性知识，可以帮助决定产品应该拥有的品质。

群体文化学通过对代表性人群的深入理解，尤其是对消费者的生活方式、生活体验和产品使用的深刻理解，对消费者对产品功能、形态、材料、色彩、使用方式、喜好、购买模式等进行预测，通过观察消费者在面对技术、造型和使用时的情绪和态度，识别用户的相似点和差异性，了解用户想购买什么、喜欢什么以及如何喜欢，从而明确产品应该具备的品质，为产品设计提供重要依据[19]。其主要的程序与方法如下：

① 通过对报纸、书籍、杂志、网站等各个媒体相关主题资料的收集、分析和归类，提取舆论引导的关键词，对目标群体使用产品的特定活动和背景环境有一个总的理解。

② 通过观察、拍摄、访谈、视觉故事、实地考察等方法，针对产品使用过程、使用情境和使用态度，了解个人的偏好以及如何看待、理解这些产品，并发现特定产品与其生活方式某些方面的行为之间的联系。

③ 在前期全面、翔实、充分、有效的调查研究之后，确定典型的用户模型，从中发现大量可进行设计创新的具体线索，从而引导后期的设计创造。

（2）应用案例

此应用案例在群体文化学的基础上，以便携式娱乐终端（包括 PMC、PMP、MP3、MP4 等产品）为例，结合语义差异和意象尺度等方法来获取和外显化表达用户（大学生群体）和设计师对产品造型语义的隐性知识表达。

便携式娱乐终端的消费群体主要是大学生和参加工作 2 ~ 3 年的年轻人。这类人群在文化层次、消费观念和审美等方面有其共性和个性。实验通过最终得到的偏好分布图和意象尺度图来研究隐性知识表达。

① 实验准备

◆实验样本搜集

从市场上收集便携式娱乐终端样本 103 个，去掉标志，将图片处理成灰色。根据两位资深工业设计师和两位心理学家的意见，挑选出 24 个样本作为试验对象，并将样本进行随机编号，如图 5-18 所示。

图 5-18
收集的便携式娱乐终端样本

◆意象词汇对遴选

挑选出了 78 对描述产品造型语义的意象形容词对，邀请 20 位设计师（26 ～ 40 岁）挑选出能够描述便携式娱乐终端造型语义的形容词对，且挑选出的形容词对符合奥斯古德（Osgood）等提出的评价因子、潜力因子和活动因子等要求。最终根据设计师的选择以及两位心理学家的意见，挑选 14 组形容词对，如表 5-2 所示。

意象形容词对　表 5-2

序号	形容词对	序号	形容词对
1	简洁—复杂	4	动态—静态
2	对称—不对称	5	时尚—土气
3	高档—低档	6	大方—小气

续表

序号	形容词对	序号	形容词对
7	纤巧—笨重	11	曲—直
8	男性—女性	12	流畅—生硬
9	精致—粗糙	13	张扬—内蕴
10	大众—个性	14	休闲—商务

② 用户和设计师的产品造型偏好实验

实验采用心理量表、口语报告分析和 T 检验等方法来获取外显化用户和设计师的产品造型语义偏好。

被试分为设计师组和用户组。

设计师组：18 位男性，12 位女性，26 ~ 35 岁，至少 3 年以上设计经验，均对便携式娱乐终端有所了解，有使用过 MP3、手机的经验。

用户组：20 位男性，10 位女性，20 ~ 30 岁，均对便携式娱乐终端有所了解，有使用过 MP3、手机的经验。

根据实验结果，得到用户和设计师对样本的偏好分布图，如图 5-19 所示。在数据的基础上我们进行了成组的 T 检验分析，得到概率值 P=0.002。

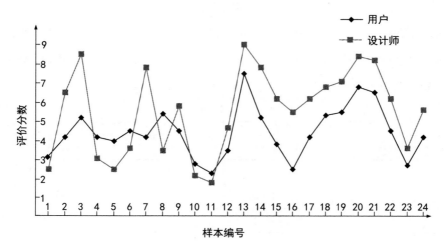

图 5-19
用户和设计师的
偏好分布图

③ 用户和设计师的产品造型意象尺度

本实验采用语义差异和因子分析法来获取、表征用户和设计师的产品造型意象尺度。被试与偏好实验一致。

在实验数据的基础上，结合主成分分析，采用因子分析进行降维处理，得到用户和设计师的产品造型二维意象尺度分布图（二维因子负荷的方差累计贡献率达到 50% 以上），如图 5-20、图 5-21 所示。图中每个点和编号对应相应的产品造型样本。

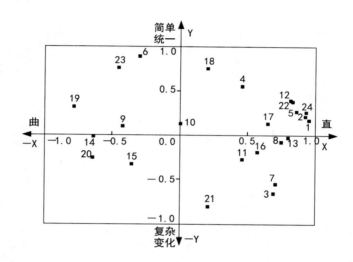

图 5-20
用户产品造型意象尺度分布图

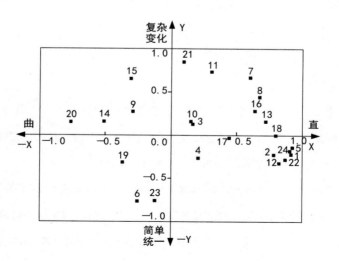

图 5-21
设计师产品造型意象尺度分布图

④ 实验结果讨论

◆ 平均值和标准差

从样本的偏好评价实验来看，用户和设计师评分的平均值和标准差如表 5-3 所示。从表 5-3 和图 5-20、图 5-21 来看，设计师的偏好平均值和标准差均高于用户，且曲线变化较大，说明设计师比用户更能够区分不同产品的造型语义，而用户显得比较保守。

用户和设计师对样本偏好的平均值和标准差　表 5-3

被试	样本	
	平均值	标准差
用户	4.447 9	1.328 43
设计师	5.545 0	2.231 53

◆ 用户和设计师的造型偏好之间存在着差异性

在偏好实验的结果来看，由于概率值 P=0.002，小于给定的显著性水平值 0.005，说明用户和设计师对便携式娱乐终端的造型偏好之间存在着显著差异。

◆ 用户和设计师偏好的样本

从偏好的样本来看，用户最喜欢的样本是 13、20、21，设计师最喜欢的样本是 13、3、20、21、7、14、19，用户偏好的样本基本都包含在设计师偏好的样本中。结合用户的口语报告可以得知，除了那些具有特别能激起人们内心兴奋而眼睛一亮的造型之外，用户偏向于产品的中性造型。

◆ 意象尺度分布图

从图 5-20、图 5-21 的产品造型意象尺度分布图来看，用户和设计师之间也存在着明显的差异。除了样本 9、10 以外，用户评价的样本分布和设计师评价的样本分布几乎以 X 轴为中心进行了颠倒，变化较大，有着明显的差异性。

从用户和设计师的产品造型感知意象评分来看，用户对于表示"评价因子"和"活动因子"的意象形容词对的评分表现比较积极，如简洁—复杂、对称—非对称、曲—直、精致—粗糙等，对表示"潜力因子"的意象形容词的计分则显得谨慎。在评分中，用户和设计师有区别的意象形容词对分别是"男性—女性、张扬—内蕴、高档—低档、休闲—商务"等。

◆产品造型语义的隐性知识表达模型

用户和设计师的产品造型语义隐性知识表达是一个复杂的心理过程，受到很多因素的影响，包括显性的因素和隐性的因素。从产品语义学来看，用户和设计师对样本的感性认知，主要是由产品的造型因子引起的。产品设计的一般造型特征可以分成两个层次，即产品整体和部件，每个部件有若干候选方案，如图 5-22 所示。

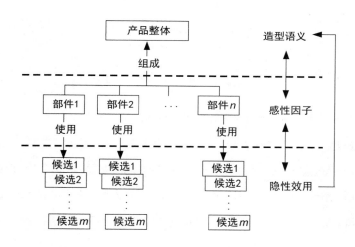

图 5-22
产品造型语义的
隐性知识结构

产品整体的造型语义蕴含在每个部件的感性认知中，而部件感性认知体现于候选形状的隐性效用中。为表达产品造型语义隐性知识，定义产品如下

$$T = \wedge(P_1, P_2, P_3, ..., P_n) \tag{1}$$

其中 $\wedge$ 是产品组成方式，P_i 是组成产品的部件。

对于特定产品类别，如便携式娱乐终端，产品的组成方式 基本可以确定，所以其造型语义的变化体现于每个部件的感性因子。定义每个部件在具体产品造型中的形状如下

$$P_i = \forall(C_{i1}, C_{i2}, C_{i3}, ..., C_{im}) \tag{2}$$

其中 C_{ij} 是部件的候选形状，$\forall$ 是从 m 个候选形状中选择其一。定义产品造型语义偏好评分为

$$u(T) = \sum_{i=1}^{n} \sum_{j=1}^{m} x_{ij} v_{ij} \qquad (3)$$

式中 $x_{ij} = \begin{cases} 0, P_i = C_{ij} \\ 1, P_i \neq C_{ij} \end{cases}$ ，v_{ij} 是 C_{ij} 的隐性效用值。

在组成方式 Λ 确定的情况下，产品中每个部件感性因子对整体造型语义偏好评分的重要程度定义如下

$$w_i = \frac{\max_j(v_{ij}) - \min_j(v_{ij})}{\sum_{i=1}^{n} \left[\max_j(v_{ij}) - \min_j(v_{ij}) \right]} \times 100\% \qquad (4)$$

$u(T)$、w_i 和 v_{ij} 共同构成了产品造型语义的隐性知识表达模型。

基于以上定义，为了提取产品造型语义的隐性知识，可以通过正交设计和全轮廓法得到样本产品的偏好评分，采用回归分析对每个部件重要度和它的每个候选形状的隐性效用度进行估计。以此案例中的便携式娱乐终端产品为例，根据 2 位资深工业设计师的意见，可以将便携式娱乐终端产品部件和候选方案定义如表 5-4 所示。

便携式娱乐终端产品的造型因子　表 5-4

部件	候选形状			
A 机体	a1 方形	a2 曲线	a3 圆形	a4 几何形
B 屏幕	b1 方形	b2 圆弧形	b3 有机形	
C 功能键	c1 方形	c2 椭圆形	c3 有机形	c3 圆角
D 控制键	d1 方形	d2 椭圆形	d3 有机形	d4 圆角
E 装饰线	e1 与屏幕结合	e2 与按键结合	e3 与机体结合	

分别根据用户和设计师对图 5-18 中 24 种产品偏好评分结果，采用最小二乘法回归对产品隐性效用进行结合分析，可以得到如表 5-5 所示的产品造型因子的重要性。

产品造型因子的重要性　表 5-5

用户		产品部件候选形状	设计师	
部件感性因子重要度（%）	候选形状隐性效用度		候选形状隐性效用度	部件感性因子重要度（%）
机体	00.616 3	a1 方形	01.396 5	机体
30.07	00.469 2	a2 曲线	0.073 5	31.21
	00.037 3	a3 圆形	00.050 5	
	1.122 7	a4 几何形	1.373 5	
屏幕	0.675 3	b1 方形	0.900 7	屏幕
21.65	00.098 7	b2 圆弧形	0.038 7	20.73
	00.576 7	b3 有机形	00.939 3	
功能键	0.533 8	c1 方形	0.103 5	功能键
14.75	00.067 3	c2 椭圆形	0.633 5	18.03
	00.147 3	c3 有机形	0.229 5	
	00.319 2	c4 圆角	00.966 5	
控制键	00.292 5	d1 方形	00.509 0	控制键
17.81	00.372 5	d2 椭圆形	0.431 0	10.59
	0.007 5	d3 有机形	00.249 0	
	0.657 5	d4 圆角	0.327 0	
装饰线	0.180 0	e1 与屏幕结合	0.494 7	装饰线
15.73	0.365 0	e2 与按键结合	0.614 7	19.43
	00.545 0	e3 与机体结合	01.109 3	
Pearson 相关系数 =0.791			Pearson 相关系数 =0.696	

在表 5-5 中，部件感性因子的重要性百分比越高，表示与产品整体造型语义的关系越重要，越能影响用户和设计师对产品造型的偏好评分。从表中的数据我们可

以看出：

对于用户而言，机体（30.07%）是影响他们感性认知最重要的因素，其次是屏幕（21.65%），接下来是控制键（17.81%）、装饰线（15.73%）和功能键（14.75%）；

对于设计师而言，机体（31.21%）同样也是影响他们感性认知最重要的因素，其次是屏幕（20.73%），接下来是装饰线（19.43%）、功能键（18.03%）和控制键（10.59%）。这说明，在产品造型语义的感性认知结构方面，用户和设计师是相似的。

在隐性效用结果中，每个数字表示部件候选形状对排序结果的效用系数，效用系数越小（即越负），表明该水平使得排序越靠前；如果越大，则使得排序越靠后。从用户和设计师的效用分析来看，除了装饰线的效用系数分布趋势类似以外，每组造型因子的效用系数分布都不同。

如案例所示，利用群体文化学的研究方法，通过对目标市场中具有代表性的消费人群的隐性知识的研究，观察消费者面对技术、造型和使用时的情绪和态度，有助于设计师预测消费者对产品功能、形态、材料、色彩、使用方式等方面的喜好，了解消费者对产品形态的隐性知识，从而明确产品应该具备的品质，为产品设计提供重要依据。

3. 图解思维

（1）图解思维概念

图解思维（Graphic thinking）是一种设计思考模式的术语，其本意为用速写或草图等图形方式帮助思考，又称图解思考。简而言之，图解思维即"用图形帮助思考"，通常与设计构思阶段相联系。

从人的认知过程来看，图解思维是一个将人的认知和创造性逐渐深入的过程。设计师将图形用手记录于纸上，通过眼睛观察和大脑思考、辨别和判断，给原来的图形一个反馈——肯定某些部分，否定某些部分，以及对原有图形的改进和联想、想象，产生新的认知；再对原有图形进行演进，以此往复构成了图解思考的过程[20]（图 5-23）。

图 5-23
图解思考过程

　　草图是新产品设计与研发中最重要的活动之一。草图在设计概念的形成、表达、推演等过程中有着不可替代的地位和作用。草图贯穿于设计的各个阶段。设计师通常将早期的草图作为个人思考的途径，同时草图也是一种比较便捷的沟通思想的手段。

　　（弗格森）（Ferguson）[21] 将草图分成三种形式：一是思维草图（Thinking sketch），设计师关注非口头的思考；二是说明性的草图（Prescriptive sketch），设计师引导绘图员将草图进行完善，它通常发生在设计的后期，即详细设计或者制造前的设计；三是谈论性草图（Talking sketch），它是设计师向工程师阐述复杂性和可能含糊部分时画的草图（图 5-24）。

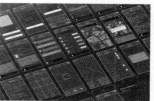

图 5-24
草图表达形式

　　从人的认知过程来看，图解思维是一个将人的认知和创造性逐渐深入的过程。设计师将图形用手记录于纸上，通过眼睛观察和大脑思考、辨别和判断，给原来的图形一个反馈：肯定某些部分，否定某些部分，以及对原有图形的改进和联想、想象，产生新的认知；再对原有图形进行演进，以此往复构成了图解思考的过程[22]。

　　（2）案例——基于图解思维的隐性知识表达

　　我们以运动型手机的外形设计为例，来研究用户和设计师的隐性知识表达。

① 实验一：表示运动的口语报告

被试分为设计师组和用户组。

设计师组：12位男性，8位女性，25～30岁，至少5年以上设计经验。

用户组：12位男性，8位女性，20～28岁，至少3年以上手机使用经验。

经过口语报告实验，将最终记录下来的数据进行统计，得到表示运动的构成要素，其中词组、短语和句子的组成比例如表5-6所示。其中词组的构成要素基本由名词、动词和形容词组成，如表5-7所示。从词组的语义要素来看，表示显性含义的词组和隐性含义的词组构成如表5-8所示。

表示运动的口语报告构成　表5-6

运动的构成要素	设计师 d / %	用户 u / %
词组	73.4	91.2
短语	20.2	6.2
句子	6.4	2.6

词组的构成　表5-7

词组的构成要素	设计师 d / %	用户 u / %
名词	28.1	6.5
动词	46.3	88.1
形容词	25.6	5.4

词组的语义构成　表5-8

词组的语义要素	设计师 d / %	用户 u / %
表示运动的显性词组	78.1	90.4
表示运动的隐性词组	21.9	9.6

② 实验二：表示运动的草图表达

被试与实验一的保持一致。

从最终得到的用户组和设计师组的草图来看，表示运动的形式基本上可以分为抽象元素和形象元素两种形式，这些元素的表达如图 5-25 和图 5-26 所示。

图 5-25　表示运动的形象元素　　　　图 5-26　表示运动的抽象元素

从这些运动元素的表达上，设计师和用户的使用比例如表 5-9 所示。

表示运动的元素构成　表 5-9

表示运动的元素	被试	比例 $r/\%$
形象元素	设计师	55.1
	用户	79.2
抽象元素	设计师	44.9
	用户	20.8

③ 实验三：运动型手机的草图设计

被试与实验一、二的保持一致。

实验的结果表明：设计师组的草图设计较快，表情放松，线条表现流畅。被试在 A3 纸张上画满了方案，并用字母和箭头标注了设计思路的流程，附加了简单的设计说明。其中，选取两位设计师的设计草图如图 5-27 和图 5-28 所示。

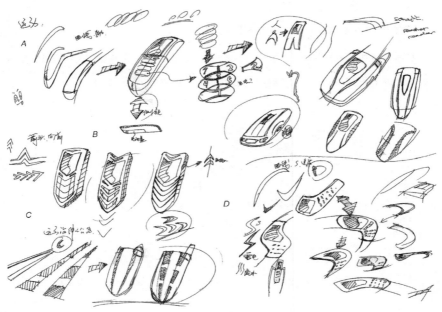

图 5-27
设计师 A 的设计
草图示例

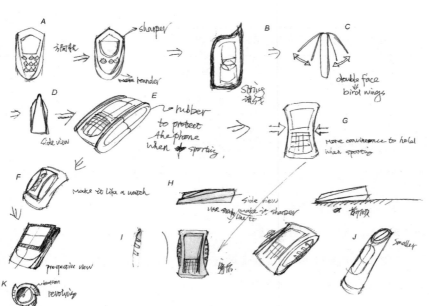

图 5-28
设计师 B 的设计
草图示例

④ 实验结果讨论

◆用户注重形象思维；设计师既注重形象思维，又注重抽象思维

实验一：

从口语报告中可以看出，用户习惯于从形象思维层面来表达自己的隐性知识。用户用 91.2% 的词组直接表示运动，比设计师多 17.8%，而短语和句子则明显少于设计师。这也说明了，用户在想象力方面不如设计师，具有一定局限性。

在词组构成中，用户用 88.1% 的动词直接表示运动，比设计师多出 41.8%；而从词组的语义来看，用户所阐述的显性词组比设计师要多 22.3%，而隐性词组则要少 12.3%。

实验二、三：

从实验二和三的结果可以看出，设计师的隐性知识表达是活跃的、积极的，概念创意明显要比用户多，设计表达也并不仅局限于 1 张草稿纸，而且形式多样：既有设计元素，又有设计方案；既有透视，又有平面；既有人机工程分析，又有设计说明。而用户则显得更加拘谨，思维不够开阔，表达形式比较现实、理性。

从概念草图的表达元素来看，用户的形象元素比设计师要多出 24.1%，而抽象元素则要少 24.1%。对于用户本身而言，形象元素要比抽象元素多 58.4%，而设计师只是多出 10.2%。

◆用户的隐性知识表达是断续的；设计师的隐性知识表达是连续的，逻辑性强

从三个实验的延续性来看，用户没有将三个实验的步骤有机结合起来。而设计师善于将前两个实验的结果应用于第三个实验的草图表现中，体现在手机的外形设计上。从用户的设计草图来看，设计结果之间关联性不强，每个方案几乎都是独立的。而设计师注重表达的连续性，设计元素与设计结果之间、设计结果与设计结果之间具有一定的联系，逻辑性强，这一点也可以从图 5-27 和图 5-28 两位设计师的设计草图中看出。

在整个口语报告表达过程中，设计师的词组数量是用户的 3 倍多；用户的口语报告

表达跳跃性强，而设计师的口语报告具有较强的连续性。

⑤ 隐性知识表达模式

图解思维是设计初期一种流行的表达手法。通过草图，能够在设计过程中洞察设计师的隐性知识表达模式。在此案例中，通过对设计师的设计草图进行分析，可以将设计师的隐性知识表达模式归纳为以下两种形式。

A. 联想型。这类隐性知识表达过程以对设计对象的联想为特征，如图 5-29 所示。

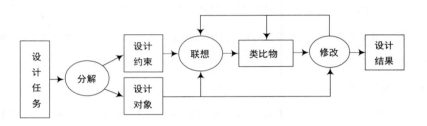

图 5-29
联想型表达模式

设计师通过某个设计对象或者图形联想到与之相关联的、相似的与隐含的对象或者图形，最后落实在一个类比物上。通过对该类比物的修改形成设计结果。从隐性知识表达来看，联想的过程越长，创新的可能性就越大。

在图 5-27 所示的 C 方案和 D 方案中，设计师的思维过程是："运动→延伸的公路、流水→延伸的虚线、曲线→设计元素→…"。

B. 逻辑型。这类隐性知识表达过程以逻辑性思维为特征，如图 5-30 所示。

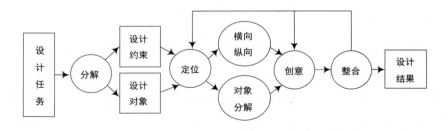

图 5-30
逻辑型表达模式

设计师首先对设计主题进行逻辑性定位，然后按照所确立的创意主题，进行横向与纵向等多方面的思考，最后将各种不同的设计元素进行合理的整合，包括编排、组合和创造等，构成合情合理的设计结果。

在图 5-27 的 A、B 方案和图 5-28 的方案中，设计师的思维过程是："运动→向前、张力、动感→箭头、曲线、翻盖、尖锐→设计元素→…"。

⑥ 设计师的隐性知识表达模式是网络状的

通过对设计初期连续性的草图设计表达研究发现，设计师的隐性知识表达模式一般有两种操作手法：横向变换和纵向变换。在横向变换中，设计活动是从一个想法向另外一个稍有区别的想法转变；在纵向变换中，设计活动是将同一想法更加具体化和细化。

我们还发现，在概念设计阶段，想法的可靠性不会导致过于丰富的横向变换或者纵向变换，设计方案总是在横向变换和纵向变换之间摆动、平衡，设计师的隐性知识表达是一个网络状的结构。

以 R 为设计任务，F 为设计元素，$X = (A, B, C, \cdots)$ 为设计方案，设计师的隐性知识表达过程可以用图 5-31 来解释。

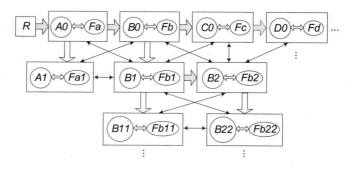

图 5-31
设计师的网络状
的设计思维表达
模式

⇨ — 横向隐性知识的变换

⬇ — 纵向隐性知识的变换

◄—► 设计方案、设计元素之间的借鉴、传递和变换等关系

设计师的设计方案、设计元素之间的关系是相互的，网络状联系在一起的。A 方案中的设计元素经过变换，有可能成为 B 方案；而 B 方案经过变换，有可能变成 C 方案，或者 C 方案中的设计元素；反之亦然。由于草图和草图设计过程的不确定性，使得设计师在用草图进行隐性知识表达的过程中不断地对原有的灵感和想法进行修改、演化、完

善，甚至从原有的想法直接跳转到完全不同的想法，并不局限于绘图纸张的幅面，直至得到满意的设计结果为止。

图解思维作为一种设计的形式语言，是表达、传送视觉形象的基本设计方法。虽然计算机在产品设计领域已经非常普及，但是图解的表现方法仍然是一种最有启发思维的方法。它不仅是为了绘图的表达，更有助于设计的思考。

4. 感性工学

感性工学的概念我们在 4.3.1 中已经做过部分阐述。

感性工学是一种应用工程技术手段来探讨"人"的感性与"物"的设计特性间关系的理论及方法，可将人们模糊不明的感性需求及意象转化为产品的设计要素。

感性工学的研究对象包括房子、座椅、电话机、汽车、手机等，研究手段涉及模糊逻辑、神经网络等。随着日本感性工学的发展，近年来其研究内容也在不断扩大，不仅从有形产品的研究领域扩展到人机交互界面、机器人工学的研究，而且从工学应用的层面扩展到人的脑机能、知觉认知等方面。

近年来，感性工学成了国内工业设计界的热点研究课题，许多学者对其理论和方法展开了研究，分别在汽车设计[23]、手机设计[24]和色彩设计[25]等领域进行了初步探讨。

5. 意象尺度

意象尺度请参阅 4.3.2 章节内容。

5.4 用户知识与设计知识驱动产品族设计 DNA

5.4.1 用户隐性知识与设计知识的映射

1. 用户隐性知识与设计知识的映射模型

用户隐性知识与设计知识的映射是通过用户的感性意象与产品造型语义的桥梁关系来实现的。其目的是将用户的感性意象与产品造型语义连接起来，从感性意象和产品造型语义层面上驱动映射关系，生产新的产品设计方案，如图 5-32 所示。

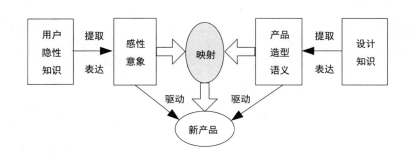

图 5-32
用户隐性知识与
设计知识的映射
模型

映射方法和技术一般以语义差异法为基础，结合多种数学方法和计算机技术，如主成分分析、多维尺度分析、聚类分析、模糊逻辑、遗传算法、感性工学、进化计算、知识库等，构建计算机辅助产品设计系统来生成新的设计方案。

2. 应用案例

案例以手机造型设计为例，对手机外形设计因子进行编码，通过轮廓线的曲线控制点相对位置参数的变化来生成新的设计方案，建立了隐性知识与设计知识的映射关系，并最终开发了基于知识的产品概念设计系统来辅助产品设计。

（1）手机外形特征基分析

在本次研究中，手机的外形设计特征被分为机体外形、显示屏、按键、显示屏外框、装饰线等五大要素，其中每个要素又分成若干不同的特征基。而这些不同的设计特征基便是最终设计系统的输入因子。

另外，由于手机的显示屏外框以及装饰线变化较大，在每一部手机中都是不一样的，而且在建模时较麻烦，我们把它们当作特征来进行处理，其特征如表 5-10 所示。

手机造型形态特征要素分析　表 5-10

特征要素			形态范畴
机体外形	上边	圆弧形	
		方形	

续表

特征要素			形态范畴
机体	下边	圆弧形	
		外形	
	两侧	直线、外凸、内凹、上大下小	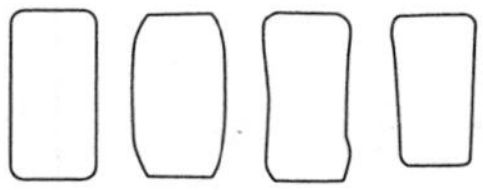
显示屏	外形	方形	
		外凸	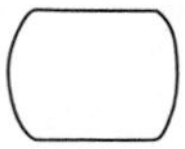
按键		外形	
		排列	
		显示屏外框	
		装饰线	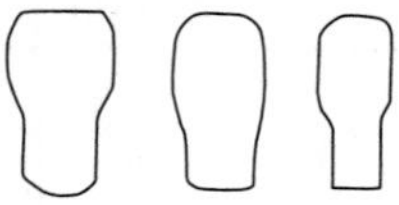

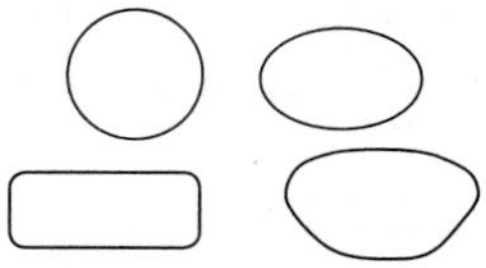

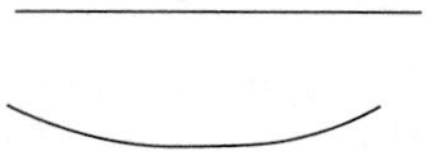

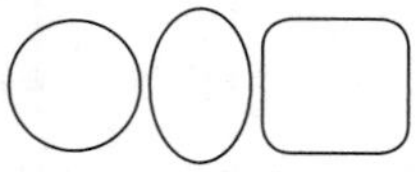

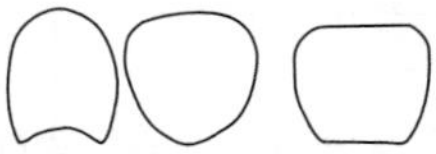

（2）基本特征基的设计

必须在系统中加入特征基变化规则，使其可以配合变形规则产生许多新的造型特征和风格。

本案例所选定的变化规则设定为同一产品特征在不同设计范畴之间的形态变化，例如：手机的机体设计，有长方形、圆弧形、或是哑铃形的方式。在实际的应用上，特征基外形的变化主要是依据轮廓线的曲线控制点相对位置参数的变化来实现。

由此，我们便可以实际记录特征基参数随用户设定的不同而得到的变化资料。其中，机体、显示屏、按键造型变化规则便是依此方法而设定的，按键排列则是以圈选的方式来设定，显示屏外框以及装饰线则以特征的方式附加。设计者可以在调整完机体、显示屏、按键之后选定按键排列以及附加显示屏外框和装饰线来做多种变化。

（3）特征编码

为了便于实现计算机辅助设计系统，我们对特征形态进行了编码，如表 5-11 所示。

手机的特征形态编码　表 5-11

设计特征	设计特征基层次 n（n=1,2,···m）
A 主体	a_1 上边　a_2 两侧　a_3 下边
B 显示屏外形	b_1 外凸　b_2 方形
C 按键外形	c_1 椭圆　c_2 方形　c_3 三角形　c_4 圆形
D 按键排列	d_1 直线　d_2 弧线
E 显示屏外框	e_1 圆形　e_2 椭圆　e_3 方形　e_4 椭圆变形　e_5 三角形　e_6 上大下小
F 装饰线	f_1 无　f_2　f_3　f_4　f_5 其他

其中，A 主体、B 显示屏外形和 C 按键外形的控制参数用 1-10 分表示，在处理数据时记为 0 ~ 1 分。例如，a1 上边的控制参数 1 ~ 10 分表示从直线、圆角到弧线的调整，a2 两侧的控制参数 1 ~ 10 分表示从内凹、直线到外凸的调整，a3 下边的控制参数 1 ~ 10 分表示从直线、圆角到弧线的调整。

为了更完整地描述产品的特征信息，可将 D、E、F 特征按照下列规则转化为代码值：

● 按键排列：如果按照直线排列，则值为 0；如果按照弧线排列，则值为 1。

● 显示屏外框：如果是圆形，则值为 0；如果是椭圆，则值为 1；如果是方形，则值为 2；如果是椭圆变形，则值为 3；如果是三角形，则值为 4；如果是上大下小，则值为 5。

● 装饰线：如果是 f1，则值为 0；如果是 f2，则值为 1；如果是 f3，则值为 2；如果是 f4，则值为 3；如果是 f5，则值为 4。

（4）用户的意象描述

对于用户内隐性知识，本案例主要使用语义差异法来确认用户对手机造型的喜爱程度，用尽量简化的手法来获取用户的内隐性知识。通过语义差异法实验及综合分析，选取 6 个常用的最具代表性的意象形容词表示用户的内隐性知识，分别是"商务的、男性的、活泼的、细腻的、感性的、豪华的"，这些意象形容词的语义评分分别为 1 ~ 10 分。

（5）系统构建

案例最终构建的系统是在 SolidWorks 和 Visual Basic 的基础上二次开发的。SolidWorks 提供的 rendering 功能可以快速显示产品的三维灰色模型，便于用户观察；并且它还提供 OLE 档案链接，在其中绘制的模型可以通过预先设定特征基的尺寸集指令，利用 VB 指令语法改变其尺寸，如图 5-33 左侧界面所示。

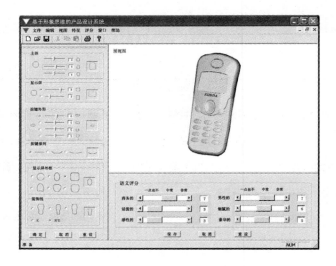

图 5-33
基于知识的产品
概念设计系统

（6）用户意象与设计知识的数据映射格式

在图 5-33 中，对于每一款手机造型而言，被试所设定的外形特征参数及相应的外形意象感觉评分，在实验结束后将记录在系统当中。所有的外形特征参数和意象感觉评分采用统一的格式，以便分析。格式如表 5-12 所示。

数据映射格式　表 5-12

	外形特征参数	意象感觉评分
Sample1 …	0.4 0.5 0.4 0.8 0.6 0.1 0 2 4 …	0.7 0.3 0.3 0.7 0.6 0.5 …

在数据库中，每一列代表一个手机造型样本。每一个样本包含的资料包括两部分：前半部分 9 个数据为手机特征的整体外形控制参数，后半部分 6 个数据为针对该项参数设定的手机外形用户给予的意象感觉评分。在外形控制参数和意象评分部分，被试者所给予的分数等级都在 1 ~ 10 分之间，但在存储数据时被转化为 0 ~ 1 分。

（7）系统流程解释

如图 5-33 所示，用户根据界面左侧的手机造型特征进行选择，完毕后从系统中得到一个手机的三维造型；基于此造型，用户在界面下部分进行意象评分，完成后进行保存。在数据库中，此款手机造型便对应了一组造型特征数据和用户意象语义评分数据。当知识库庞大后，设计师或者用户只需要通过特征或者意象语义评分便可从知识库中选取所要的手机造型。

5.4.2　用户知识与设计知识驱动产品族设计 DNA

我们前面讲过，工业设计人与产品的交互关系。一方面取决于产品本身，另一方面，依赖于用户本身。设计师进行需求分析和设计分析，根据多种知识资源以及个人的感知、意象等，将需求转化为产品的形式；最终通过设计评价，将方案进行详细设计，并转化成最终产品，进入市场。

产品设计是由离散知识到知识集合体的整合过程。如何运用用户知识与设计知识驱动产品族设计 DNA，这里我们将通过案例来进行阐述。

1. 产品族知识的表示模型

对产品族来说，知识可以分为需求知识、产品族模型知识和设计知识三类：

需求知识描述产品族域的需求，如用户的各种个性化需求、技术需求、资源需求等，并被定义为产品族设计方案必须满足的规则集合；

产品族模型知识描述能出现在产品族中的实体（如部件）、实体关系、实体上的规则是如何组合的；

设计知识描述在产品族求解过程中，能使需求知识与设计方案一一匹配的推理知识，包括求解所需要的各种约束规则集合、评价准则集合等。

图 5-34 是产品族知识的表示模型。

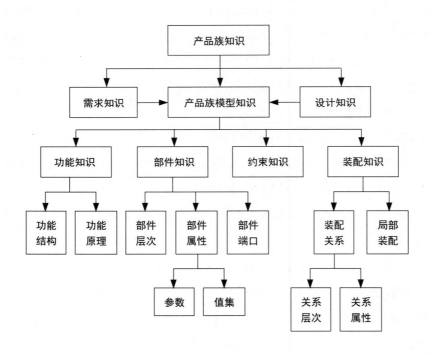

图 5-34
工业设计产品族
知识的表示模型

在产品族知识模型里，最基本的知识是关于部件的知识。对于部件库中的每一个预定义的部件，其相关的部件知识（如部件的设计知识、工艺知识、制造知识等）、属性（如部件名称、类型、材料、重量、数量等）、端口（如端口名称、类型、输入、输出等）都应有详细描述。

对于工业设计而言，部件知识在实体层面上可以是整体的造型风格、尺度比例、形式秩序、特定的色彩或材料；也可以是一些细节，例如形体表面的一根线、一个形体转折或一个特定形状。产品族 DNA 以部件知识为依托，承载着产品的功能知识、约束知识和装配知识，并向子代进行遗传和变异。

2. 应用案例

我们以眼镜设计为例，对眼镜产品族设计 DNA 的研究进行讨论，并最终建立计算机辅助眼镜造型系统软件 GlassShow1.0。

（1）眼镜产品族设计 DNA 的层次模型

由于不同款式的眼镜在功能上的差异性很小，眼镜设计知识库的结构建模以眼镜分类和模块化为基础，利用相似性原理和重用性原理，建立眼镜产品族设计 DNA 结构模型，如图 5-35 所示。

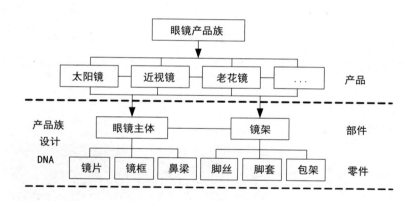

图 5-35
眼镜产品族设计
DNA 结构模型

上述模型描述了一个可配置的、包括所有类别和部件的模块化产品系统的组成。根据不同的设计目的，眼镜的部件和零件分别构成不同的产品族设计 DNA，支持产品族的系列化设计。

如图 5-35 所示，这个案例中我们将眼镜产品族的设计 DNA 分成部件级和零件级：部件级设计 DNA 包括眼镜主体和镜架两大部分；零件级的设计 DNA 包括镜片、镜框、鼻梁、脚丝、脚套和包架等，其中镜片、镜框和鼻梁构成了眼镜主体，脚丝、脚套和包架构成了镜架。

眼镜产品族在进化过程中，要受到外界因素的影响，如用户需求、市场需求、价格、成本、制造工艺与社会环境等，与眼镜产品族息息相关。零件级的设计 DNA 较容易受到外界因素的影响而发生改变，进而影响到部件级的设计 DNA，最终改变眼镜产品族的造型设计，影响到产品族的稳定性。

在工业设计中，眼镜产品族的稳定性主要取决于部件级的设计 DNA 的稳定性，同时与消费者的审美意象息息相关。当某一眼镜产品族的部件级设计 DNA 发生改变，影响到消费者的审美意象时，消费者将他们视为不同的产品族；反之则属于同一产品族。基于此原理，我们构建了计算机辅助眼镜造型系统软件。

（2）计算机辅助眼镜三维造型设计系统

计算机辅助眼镜三维造型系统主要是为眼镜工业设计师和工程师服务，满足企业的产品研发决策，既是一个组织和管理眼镜设计资源的知识库，又是一个支持在线配置设计和变形设计的拥有交互式界面的平台。

此系统基于实例设计知识库，采用参数化建模设计技术，通过访问知识库中同类问题的解决方法而获得当前新问题的解决方法，能够实现眼镜产品的三维可视性，满足多个方案的实时生成、组合、展示和方案评价，可以很好地释放工业设计师和工程师的创新设计能力，如图 5-36 所示。

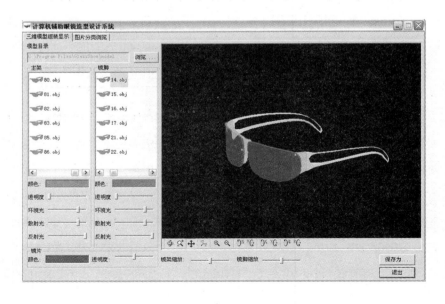

图 5-36
计算机辅助眼镜
三维造型设计系
统界面

　　用户只要在图 5-36 所示的界面中选择不同的模块，不同眼镜的部件或者零件就会按照设定的规则自动装配，生成用户需要的造型。

　　针对这些造型方案，用户可以进行着色、显示设定、移动、旋转、缩放等变化处理。一旦用户对于生成的造型方案满意后，系统提供了两种输出格式：一种是图片格式，存入系统的知识库，构成设计实例；另一种是三维模型格式，输出到下一步的详细设计。

　　（3）眼镜产品族的造型设计用户评价系统

　　系统生成的眼镜二维图片和三维模型是否属于同一产品族，还需要经过用户的认知意象评价，属于隐性知识层面。

　　在意象尺度实验基础上，提取消费者对于眼镜产品的造型意象和色彩意象，构建眼镜产品族造型设计感性意象评价系统，如图 5-37 所示。

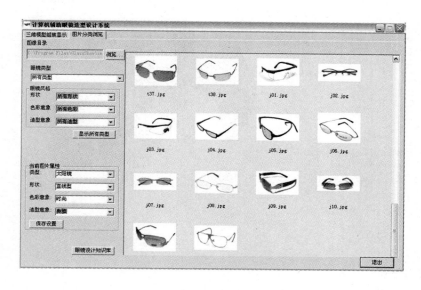

图 5-37
眼镜产品族造型
设计感性意象评
价系统界面

　　方案生成后，用户可以通过感性意象设计评估系统在形状和色彩上对方案进行评价，驱动产品的选型和优化。同时，用户还可以根据社会的变迁及消费者的偏好变化增加或者删除系统中的意象词汇，用以满足设计的需要。

　　（4）计算机辅助眼镜设计知识库系统

　　在知识库系统中，嵌入了基于眼镜产品族的人机工程知识，造型设计知识和色彩知识，为设计人员提供知识支持，驱动设计活动的开展。

其中，人机工程知识包括人体尺度参数分析和眼镜设计的国际、国内和行业标准；造型设计知识包括眼镜造型设计本体知识、造型原则、脸型与眼镜搭配、眼镜文化、眼镜设计要素和眼镜设计实例等；色彩设计知识包括眼镜配色本体、中性色彩组合、RGB调色板和色系表等（图 5-38）。

图 5-38
计算机辅助眼镜
设计系统知识库
界面

本章注释：

❶ 艺术与建筑索引典—知识

❷ DIENESZ, PERNERJ. A theory of implicit and explicit knowledge[J]. Behavioral and Brain Science, 1999, 22(5): 735-808.

❸ 黄荣怀，郑兰琴 . 隐性知识及其相关研究 [J]. 开放教育研究 .2004，10(6): 49-52.

❹ POLANYI M. Personal knowledge: Towards a post-critical philosophy[M]. London: Routledge, 1958.

❺ 文南薰 . 论高校学生隐性知识的培养 [J]. 中国科学教育，2007（10）: 10-11.

❻ 雷金民 . 图书馆隐性知识共享的障碍分析与对策研究 [J]. 情报科学，2007，25（3）: 353-

356.

❼ 朱方伟，蒋兵，唐丽艳．技术转移中隐性知识转化的影响因素研究 [J]. 研究与发展管理，2006，18（6）：8-14.

❽ STERNBERG R J, FORSYTHE G B, HEDLUN J, et al. Practical intelligence in everyday life[M]. Cambridge: Cambridge University Press, 2000.

❾ 石中英．知识转型与教育改革 [M]．北京：教育科学出版社，2001.

❿ NONAKA I, TAKEUCHI H.The knowledge-creating company：How Japanese companies create the dynamics of innovation.New York: Oxford University Press, 1995.

⓫ PETER B, DEBBIE R. Modelling tacit knowledge via questionnaire data[C]. ICFCA, 2004, 10:321-328.

⓬ MERTINS K，HEISIG P, VORBECK J. 赵海涛，彭瑞梅译．知识管理 - 原理及最佳实践（第二版）[M]．北京：清华大学出版社，2004.

⓭ 周和荣，张鹏程，张金隆．组织内非正式隐性知识转移机理研究 [J]. 科研管理，2008，29（5）：70-77.

⓮ 翁清雄，胡蓓．国外知识转移模型的研究进展 [J]．科技进步与对策，2007，24（3）：195-197.

⓯ Szulanski G. Exploring internal stickiness: Impediments to the transfer of best practice within the firm[J]. Strategic Management Journal, 1996, 17(S2):27-43.

⓰ Myrna Gilbert , Martyn Cordey-Hayes. Understanding the process of knowledge transfer to achieve successfultechnological innovation [J]. Technovation,1996,(16): 301-302.

⓱ Jeffrey L Cummings, Bing -Sheng Teng. Transferring RSDknowledge: the key factors affecting knowledge transfer success[J], Journal of Engineering and Technology Management ,2003(20) : 39-68.

⓲ TOMI H. Reconfiguring knowledge management-combining intellectual capital, intangible assets and knowledgecreation[J]. Journal of Knowledge Management, 2004, 8(2): 36-52.

⓳ BAIRD F, MOORE CJ, JAGODZINSKI AP.An ethnographic study of engineering design teams at Rolls-Royce Aerospace. Design Studies, 2000, 21(4): 333-355.

⓴ JONSON B. Design ideation: The conceptual sketch in the digital age[J]. Design Studies, 2005, 26(6): 613-624.

㉑ FERGUSON E S.Engineeringand the mind's eye[M]. Cambridge: The MITPress,1992.

㉒ GOELV.Sketches ofthought[M]. Cambridge: The MIT Press,1995.

㉓ 石夫乾，孙守迁，徐江．产品感性评价系统的模糊 D-S 推理建模方法与应用 [J]. 计算机辅助设计与图形学学报，2008，20（3）：361-365.

㉔ 邝俊生，江平宇．基于感性工学的产品客户化配置设计 [J]. 计算机辅助设计与图形学学报，2007，19（2）：178-183.

㉕ 张全，陆长德，余隋怀，等．基于多维情感语义空间的色彩表征方法 [J]. 计算机辅助设计与图形学学报，2006，18（2）：289-294.

第 6 章
产品族设计 DNA
与品牌风格

中国已经成为全球的制造基地。但是"中国制造"不应该意味着"价廉物美"、"特色缺乏"、"亦步亦趋"。中国正努力从"中国制造"走向"中国创造"和"中国设计"，除了技术创新以外，快速的产品设计与品牌塑造将成为中国企业下一步的关注焦点。

对于工业设计而言，产品族设计 DNA 的研究主要涉及市场研究、企业文化、品牌、产品设计、心理学和计算机技术等方面，其知识体系非常庞大。这一章节我们主要来阐述品牌与品牌风格。

6.1 品牌风格

6.1.1 品牌

品牌，通俗意义上，就是指我们见到的被制造商或者经销商加在商品上的标志，一般包括品牌名称和标志，用以同竞争对手区分识别。美国营销协会对品牌的定义是：品牌是一个名称、记号、术语与设计，或者是它们的组合，目的是为了识别卖方的商品或服务，并且在竞争中用于区分这些商品或服务。

现在意义上的品牌，除了包含名称、图案、标记这些信息之外，还包括了品牌识别、品牌价值以及品牌形象等相关内容，并将企业、产品与消费者紧密联系在一起。

从工业设计的角度来说，品牌绝不仅仅是一个标志和名称，它有着丰厚的内涵，蕴含着企业精神文化层面的内容。同时具有强化市场识别和保护作用，也能增进消费者购买的机会。

从品牌战略开发层面来讲，企业在创品牌的时候便是在创造一种无形资产，也是企业竞争力的体现，是企业认知度，是品质认知，是人们对一个企业及其产品的认同。

一个好的品牌，其产品通常具备以下条件：

① 差异化：产品差异化是创建品牌的首要条件，与市场内产品区分开来。

② 关联性：亦是我们说的产品家族化，产品之间的关联性有助于加强认知，让用户在不同的产品中同时感受到品牌的存在。

③ 认知价值：即企业文化、个性、理念、价值观等的传递，让用户在使用产品本身的同时感知到它的内涵价值并认同它，也是我们所说的品牌价值。

例如，可口可乐，其品牌内涵远不止这四个字的标志与名称，它传达的是"乐观向上"

的美国文化（图 6-1）；而麦当劳的品牌文化则是家庭式的文化（图 6-2）。

图 6-1
可口可乐文化

图 6-2
麦当劳文化

6.1.2　风格

　　百度百科对风格的定义为：艺术作品在整体上呈现的有代表性的面貌。通常被用来描述不同事物的特征，如我们日常会听到它被用来描述建筑物、家装的风格，如现代主义风格、极简风格、复古风格等，也会被用来形容文学、行为以及人的穿衣打扮，等等（图 6-3）。

　　对工业设计而言，产品风格是指一组或一系列产品共同的特征所组成的集合。风格与产品外观设计紧密相连，是设计师将一系列的造型元素通过不同的构成方式表现出来的形式。每一个风格都代表了一组确定的风格特征，当然某种风格的产品当然也具备相应的特征属性。

　　所以风格的形成包括两个不可或缺的部分：造型元素和风格特征。造型元素即产品的形态、材质、色彩等人们所看到的产品外观的设计；而风格特征是指人对产品的心理感受，如简洁的、高科技的，等等，是人们对产品的感性的感知与感受。

图 6-3
不同家装风格

6.1.3 品牌风格

品牌风格是在品牌自身及外界环境因素的影响下，通过品牌设计对品牌核心价值、理念、个性等做出的美学表达方式。品牌通过这种表达，将理念与价值等信息传达给消费者，而对于消费者来说，这是一个认知和识别的过程。

品牌风格由多种基本要素构成，如形状、线条、颜色、质感甚至气味等，消费者通过品牌风格要素感知品牌产品及品牌理念。

品牌风格除了受品牌自身因素如所在领域、品牌定位、品牌文化、理念等因素的影响外，还会受竞争环境和消费环境的影响，如竞品风格、消费者偏好与需求、潮流趋势等。

如今技术同质化严重，产品风格已经成为消费者与设计师沟通的重要媒介，产品风格的形成也成为产品创新设计及品牌脱颖而出的重要途径之一（图 6-4）。如奔驰、宝马等，无论旗下产品设计风格怎么变化，消费者都能轻易地识别出来；再比如 IBM 的笔记本电脑设计，小红帽、黑色、高科技、商务感、高质量等形象，在消费者心中留下了深刻的印象。

图 6-4
清晰的产品设计
风格

好的品牌到最后都是在做风格，清晰的产品风格意味着明确的产品定位和品牌文化，也越能给消费者传达统一的产品形象，最终构建品牌印象。

如最能体现日本现代设计风格的无印良品，日本经典品牌，在选材、流程和包装上一直坚持自己的理念，极力推崇以人为本的理念，淡化品牌，推崇"无，亦所有"，将设计还原为本来的面目——为消费者解决日常生活问题，其在品牌的信息传达上完美地做到了"无形胜有形"，具有自身强烈的品牌形象和文化特色。

　　北欧的国家以设计立国。北欧的品牌定位清晰，一脉相承。纯粹和极具形式美感及功能性的设计背后，是北欧深厚的设计文化底蕴以及"人本主义"的关怀美学。如沃尔沃、宜家、乐高、伏特加等。宜家专注简约和实用相结合的设计理念，秉承为尽可能多的顾客提供可负担、功能齐全、设计精良、价格低廉的家居用品的品牌理念，倡导"体验式"购物，并真真切切让用户成为了其品牌传播者。

　　以宝马汽车设计为例。宝马汽车最具辨识度的一个家族性的产品识别符号，也是宝马汽车产品 DNA 的一个重要识别特征，即"双肾形"进气格栅形态。宝马"双肾形"进气格栅的设计配上圆形前大灯的外形形成了宝马汽车品牌独一无二的设计风格。下面我们对宝马汽车这一设计风格的传承与发展进行简单分析。图 6-5 为不同时期具有代表性车型的前脸形态；我们对宝马汽车前脸造型特征进行分析，提取前脸的主要造型基因。

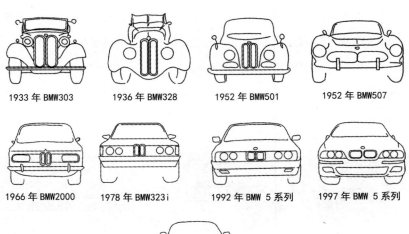

1933 年 BMW303　　1936 年 BMW328　　1952 年 BMW501　　1952 年 BMW507

1966 年 BMW2000　　1978 年 BMW323i　　1992 年 BMW 5 系列　　1997 年 BMW 5 系列

2004 年 BMWM5

图 6-5
宝马前脸设计形态特征时代演变

宝马汽车的前脸造型基因提取　表 6-1

		1933 年 的 BMW303，是第一款采用两半式散热器面罩的宝马汽车。此后这成了宝马汽车一以贯之的造型特点。
		1936 年 的 BMW328，是宝马汽车的经典之作，双肾形散热器罩演变为两个完整的长条椭圆形状。
		1951 年 的 BMW501，是第二次世界大战后宝马的第一款车，基本继承了第二次世界大战前宝马汽车的造型和技术。只是散热器罩变短。
		1952 年 的 BMW507，是宝马汽车一款优雅罕见的高级运动型敞篷跑车。这款车散热器罩由长条形演变成扁宽形。
		1962 年 的 BMW 开 始 了"新级别"车系设计，包括 1600、1800、2000 等。外形略显普通保守，属于中档车。
		1978 年的 BMW 323i 整体造型趋于方正平直，散热器罩也成了有小倒圆角的方形。不过，宝马 3 系列是宝马车系中销量和车型变化最多的，现历 4 代。
		1992 年的宝马 5 系列。双肾形散热器罩造型呈方形，四角保留倒圆角。
		1997 年的宝马 5 系列。形态元素轮廓变得圆滑，散热器罩趋于椭圆化，并出现竖向饰条。
		2004 年的宝马 M5。双肾形的散热器罩更加流线型，车灯轮廓也变得流动感、运动感十足。

从表 6-1 中我们可以看出，宝马汽车前脸"双肾形"进气格栅的品牌特征决定了其前脸造型不会发生本质的变化。虽然尺寸和形状上会有些许改变，但都保持着"双肾"造型的遗传，在遗传中改变，在改变中传承。另外，宝马汽车的前车灯是影响其前脸风格变化的主要部位，前车灯通过轮廓曲线的变化与进气格栅相连接呼应，共同传达宝马汽车的运动风格意象。

6.2 产品族设计 DNA 与品牌风格

对于工业设计而言，产品族是设计师在进行产品设计时，为同一企业或者同一品牌生产的不同产品赋予相似甚至相同的造型特征，使之在产品外观上具有共有的"家族化"的识别因素，使不同的产品之间产生统一与协调的效果。

在工业设计中，产品族设计主要讨论外观造型设计，即通过在视觉层面上，将产品的形象传递给消费者，保持品牌形象的延续性和个性。我们知道风格的形成包括造型元素和风格特征两个部分，所以品牌产品代代相传的过程中保留下来的具有延续性的造型元素构成了品牌风格。

产品族设计 DNA 与品牌风格息息相关，也是产品族研究的方向之一。如武汉理工大学"基于用户认知的产品 DNA 识别与设计研究项目 [1]"，通过对车灯造型设计的研究，将车灯的造型设计风格与设计基因进行匹配，分析了产品基因与产品品牌风格的关联性；卡加里南（Karjaianen）[2] 以沃尔沃汽车、诺基亚的产品 DNA 为例，对从品牌认知到产品造型的关系进行了研究；张凌浩 [3] 运用生物科学中的遗传与变异理论分析了产品形象延续与更新之间的关联，并为产品形象创新与品牌提升的设计过程提供一种新的参考方法。我们也在第 4 章的 4.4 部分构建面向风格意象的产品族外形基因体系，通过案例阐述如何构建产品族外形基因与风格意象之间的映射并最终指导产品族设计。

这些研究主要集中讨论了产品族的设计层面，对设计研究起到了一定的推动作用，但缺乏对产品族设计如何体现品牌特征之间关系的研究。

如何通过产品族的设计基因来体现产品族的品牌特征，反映用户的情感是一个重要的研究课题。我们通过具体案例，从工业设计出发，探讨产品族设计基因的"视觉—行为—情感"体系，在分析品牌识别的显性因素和隐性因素基础上，提出情感设计基因、行为设计基因和视觉设计基因的概念，构建基于"视觉—行为—情感"的产品族设计基因的层次模型，讨论产品族设计基因的构造方法和循环模型，并探讨产品族设计基因的构建、信息建模、品牌风格基因的构建以及产品族设计基因与品牌风格基因的映射、评价与优化等研究方法与关键技术。以家用绣花机外形设计为例，构建产品族设计基因以及与品牌风格感性意象的映射，开发计算机辅助家用绣花机设计系统软件，包括设计 DNA 装配模块、设计评价模块和设计知识库模块。基于此系统可以实现家用绣花机造型设计的快速生成与设计评价，验证基于"视觉—行为—情感"的产品族设计基因理论体系，为产品开发设计实践和设计教育提供参考。

6.2.1　基于品牌识别的产品族设计

从识别的维度来看，人们对于产品的品牌形成总是与视觉（Vision）刺激、行为（Behavior）表现和情感（Emotion）表达三个层面（VBE）相关的，其中：

视觉刺激：包括产品的功能、外形、结构、色彩、材质和界面等。

行为表现：包括可用性、操作和安全等。

情感表现：包括用户满意度、自我形象、情感、文化特征和个性等。

品牌识别也有显性因素（Explicit elements，物质层）和隐性因素（Implicit elements，非物质层）。显性因素包括视觉设计和行为设计，隐性因素包括情感和用户体验等。在品牌识别体系中，产品族设计要体现品牌的显性层面，也要表达隐性层面，即通过视觉基因的设计，引导消费者进行产品的行为操作，提炼出行为设计基因，最终上升为人们的情感认知，形成情感设计基因。反过来，一个品牌的形成，也是这三种因素紧密结合的表现。如图 6-6 所示。

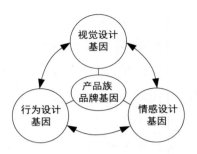

图 6-6
产品族品牌基因的
三大要素（VBE）

6.2.2 基于 VBE 的产品族设计 DNA 的层次模型

情感是品牌识别的核心层，建立在用户使用产品、观感产品之后产生的心理反应，是人们经过提炼、抽象了的对产品的感性意象；视觉是人们通过多种感官直接了解到的产品形象诸如外观、色彩和材质等；行为是情感与视觉的桥梁，是情感由表象向意象更深层次发展的媒介。

产品族设计要从情感出发，研究产品的行为模式，指导视觉设计；同时，通过视觉设计，引导消费者的行为模型，进而影响他们的情感，使消费者产生与设计相类似的模式，进而产生共鸣，引导消费，产生忠诚度，打造品牌形象。因此，产品族设计 DNA 建立在"视觉—行为—情感"的层次模型上，如图 6-7 所示。

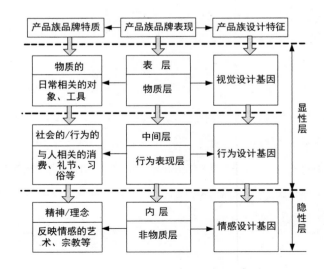

图 6-7
基于 VBE 的产品
族设计 DNA 层次
模型

6.2.3 基于 VBE 的产品族设计 DNA 构造

产品族设计 DNA 的构造过程比较复杂，不同的产品族，其设计基因的构造元素是不一样的。即使是同一产品族，显性基因和隐性基因也有所不同。一般来讲，分为已有产品族的设计基因构造和全新产品族的设计基因构造两种形式。

1. 已有产品族的设计基因构造

对于企业已有的产品族，其设计基因的构造要结合企业特点，从已有产品族中提取设计基因，包括显性特征和隐性特征，并将这些基因运用到后续的产品族开发设计中，包括已有产品族分析、设计基因提取、优化和定型等四个阶段，其过程模型如图 6-8 所示。

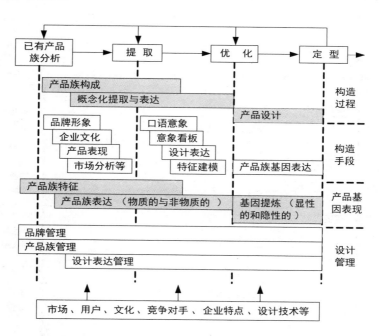

图 6-8
已有产品族的设计基因构造过程模型

图 6-8 所示模型包括构造过程、构造手段、产品基因表现和设计管理等四个层面。

在已有产品族分析与设计基因提取阶段之间，通过分析已有产品族的品牌文化、企业文化、产品表现形式和市场等，研究已有产品族的构成，找出产品族典型特征；在设计基因提取与优化阶段之间，主要利用口语意象、意象看板、设计表达和特征建模等手段，从显性层面和隐性层面对设计基因进行概念化提取与表达，形成产品族的核心识别基因；在产品族设计 DNA 优化与定型阶段之间，通过产品族设计 DNA 的表达对产品族的核心识别基因进行提炼与定型，建立产品族设计 DNA 表达体系，并开展产品设计。设计管理整合了市场、用户、文化、竞争对手和设计技术等因素，对整个过程进行决策和控制，包括品牌管理、产品族管理和设计表达管理，形成基于 VBE 的产品族设计 DNA。

2. 全新产品族的设计基因构造

全新的产品族开发设计要从企业本身出发，结合竞争产品的特点进行差异化设计，找出适合自己的产品族设计 DNA，其过程与全新产品族的设计基因构造过程略有不同，包括概念化、设计基因提取、优化和定型四个阶段，如图 6-9 所示。

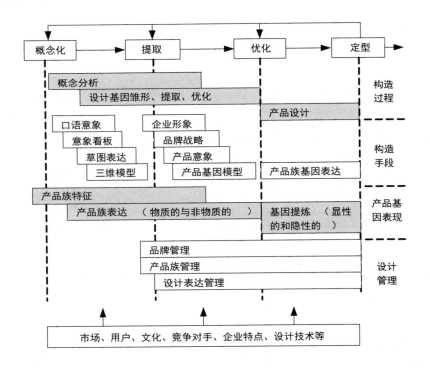

图 6-9
全新产品族的设计基因构造过程模型

在概念化与设计基因提取阶段之间，通过口语意象、意象看板、产品的草图设计表达和三维建模等手段，对产品族的概念设计进行分析，研究产品族的构成，找出产品族设计 DNA 的典型特征;在设计基因提取与优化阶段之间,研究产品族设计 DNA 的雏形、提取和优化,建立与企业形象、品牌战略和产品意象之间的映射,从物质层面和非物质层面进行产品族设计 DNA 的建模和表达;在产品族设计 DNA 优化与定型阶段之间,从显性层面和隐性层面对产品族设计 DNA 进行提炼,找出产品族的核心识别基因,建立产品族设计 DNA 表达体系,开展产品设计;设计管理则整合了市场、用户、文化、竞争对手和设计技术等因素,通过品牌管理、产品族管理和设计表达管理等手段对整个过程进行决策和控制。

全新产品族的设计比较复杂,过程较长,它要经过市场的检验、调整与修正。经过历史沉淀,才能形成企业自身的产品族设计 DNA。

3. 产品族设计 DNA 构造的循环模型

不管是现存产品族的设计基因构造,还是全新产品族的设计基因构造,其产品族设计 DNA 的构造过程都是连续的、不断反复和循环的,如图 6-10 所示。

图 6-10
产品族设计 DNA
构造的循环模型

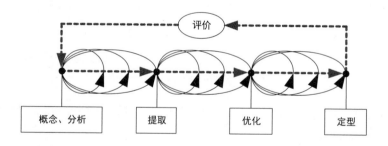

产品族设计 DNA 的形成,是提取概念、概念优化和方案定型三个环节不断反复和螺旋上升的过程,要完成完形设计(gestalt design)、核心特征设计和细节设计三个层次。完形设计代表产品族的整体识别特征,核心特征是产品族所具备的与其他产品族不同的、一眼就能够识别的特征,细节设计是产品族的魅力所在,一般人很难抄袭。

6.2.4 基于 VBE 的产品族设计 DNA 研究方法及关键技术

基于 VBE 的产品族设计 DNA 研究包括诸多方面的因素,主要涉及产品族设计 DNA 的构建、信息建模以及与品牌识别基因的映射、评价与优化等,其关系如图 6-11 所示。

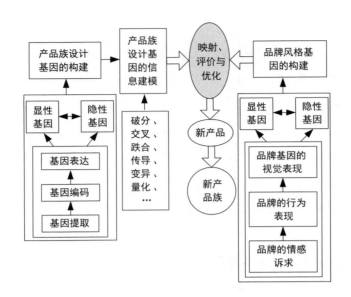

图 6-11
主要研究方法与
关键技术

1. 产品族设计 DNA 的构建

首先提取产品族的信息基因。信息基因是产品族中经过某种程度标准化的、具有一定通用性和相似性水平的最小单元，是产品族设计和制造信息的基本单元。信息基因的概念体现了产品族中产品的共性，是从已有产品中提取的，是其全部有效信息的抽象综合体。

在信息基因的基础上，对基因进行编码，建立表达体系，包括显性基因和隐性基因，使其能够表达产品族细节设计、核心特征和完形三个层面的内容，从而体现产品族的"视觉—行为—情感"特征。

2. 产品族设计 DNA 的信息建模

产品族设计 DNA 的信息建模，是指在遗传变异法则和基因操作的共同作用下，对基因的结构、功能特征及其关系进行描述和定义，组合不同的基因片段，从而表达一个产品族中所有成员的数据内容和数据关系，包括基因的传导、破分、交叉、迭合、变异、量化等。基因的信息建模包括基因的表达方法和与 CAD 模型的融合机制，一方面使得产品信息得到有效、一致性的表达；另一方面充分利用 CAD 系统便捷、直观的人机界面，能够提供对设计要求、产品工程参数的输入以及零件参数的交互式修改，传递设计知识。

3. 品牌风格基因的构建

首先，以语义差异法为基础，通过感性工学和人机工程学方法提取人们对品牌的情感诉求与行为表现，提炼意象语义词汇；其次，构建产品族设计 DNA 语义，包括点、线、面、体、色彩以及材质等，建立品牌风格基因的表达体系，包括显性基因与隐性基因之间的映射。

4. 产品族设计 DNA 与品牌风格基因的映射、评价与优化

研究基于消费者认知意象的产品族设计 DNA 与品牌风格基因的映射关系，构建评价与优化标准，通过计算机辅助产品族设计系统，生成新的产品族，保持品牌的延续性和差异性。

6.2.5 应用实例

以某企业的家用绣花机（Homeembroidery machine，HEM）设计为例。HEM 是一个较新的产品门类，与缝纫机工作原理相类似，市场上已有的产品较少，因此属于开发类的产品族设计。HEM 既要考虑到女性使用的特点，又要符合企业的管理、设计、生产制造水平。

1. HEM 产品族设计 DNA 的构建

从工业设计角度出发，可以将 HEM 分成机头、机身、机架、底座、工作台等组成部分，如图 6-12 所示。

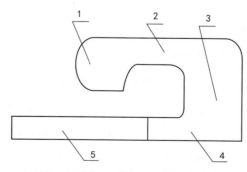

图 6-12
家用电脑绣花
机的工业设计
外形图

1-机头；2-机身；3-机架；4-底座；5-工作台

由于机架和底座关联度较高，在设计时要整体考虑。因此，我们可以将绣花机看作

四个部分：机头、机身、机架和底座、工作台。HEM 产品族设计 DNA 的遗传和变异主要取决于这些要素的变化。

不同款式的 HEM 在功能上的差异性很小，因此，HEM 产品族的结构建模以模块化为基础，根据不同风格的外观造型建立 HEM 产品族结构模型。本实例主要讨论产品族设计 DNA 的组合变化与品牌风格感性意象之间的关系，在此不探讨如何判别产品族的遗传性和变异性。

2. HEM 产品族品牌风格感性意象的构建

人们在接收品牌的产品信息后，总是借着一定的感性意象形容词，如"漂亮的"、"现代的"、"耐用的"、"高贵的"等来描述他们由内心情感所迸发出来的感性认知，而这些感性意象形容词正是连接产品族设计 DNA 的桥梁。产品的图形化信息正是通过产品的视觉符号元素等表达出来，才能上升为人们的内心情感，最终形成对这一品牌产品的认知。

根据奥斯古德（Osgood）提出的语义差异法，从网站以及宣传册等资料上挑选 20 张 HEM 图片以及 40 对描述 HEM 产品造型语义的意象形容词对，要求 20 位设计师（年龄在 26 ~ 40 岁之间）根据自己的理解进行语义差异法实验，并对结果进行聚类分析。结合设计师的选择以及两位设计心理学专家的意见，最终挑选 6 组形容词，分别是精密的、稳定的、感性的、简洁的、细腻的和易用的。这些语义形容词能够从外观、使用性和用户情感几个方面描述 HEM 的品牌风格特征，且符合奥斯古德（Osgood）等提出的评价因子、潜力因子和活动因子的要求。

3. 系统的主要内容和体系结构

在上述研究基础上，构建了计算机辅助 HEM 设计系统，包括三大模块：设计 DNA 装配模块、设计评价模块和设计知识库模块。它以 HEM 设计知识库为基础，对产品族设计 DNA 模块和装配进行管理；同时，它又是一个感性意象交互式设计平台，满足设计师和管理者对产品族感性意象的评价。

（1）设计 DNA 装配模块

设计 DNA 装配模块实现了 HEM 产品族设计 DNA 的生成与产品族品牌风格感性

意象之间的映射关系，包括计算机辅助 HEM 三维造型设计装配子模块和设计风格评价子模块，如图 6-13 所示。

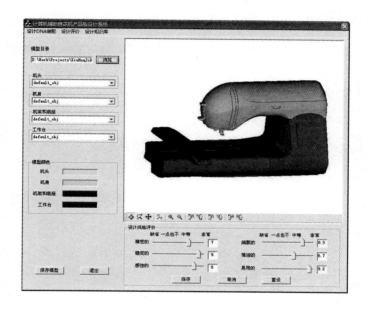

图 6-13
设计 DNA 装配
系统界面

计算机辅助 HEM 三维造型设计装配子模块基于设计知识库，能够实时生成、组合和展示多个方案，并对设计方案进行评价，实现方案的快速设计。用户或者设计师只要在图 6-13 所示的界面中选择不同的模块，不同 HEM 的部件就会按照设定的规则自动装配，生成用户需要的造型。针对这些设计方案，还可以进行着色、显示设定、移动、旋转、缩放等变化处理。当设计方案完成后，系统设置了两种输出格式：一是三维模型格式，输出到产品设计的下一步过程；二是图像格式，将设计方案存入到设计评价系统知识库。

设计风格评价子模块主要对生成的 HEM 三维造型设计进行评价，包括 6 个语义指标，分别是精密的、稳定的、感性的、简洁的、细腻的和易用的。评分机制采用从 1 ~ 10 的计分办法。缺省状态为 0 分，表示没有评分。当新的 HEM 三维造型设计生成时，设计师和工程人员就可以针对造型风格进行评分；若评价人员较多，评分可以取平均值。评价完成后，生成的方案则被输出保存到设计评价系统知识库中。

（2）设计评价模块

根据前面构建的品牌识别语义以及建立的评价体系，构建了 HEM 品牌风格设计评价模块，如图 6-14 所示。

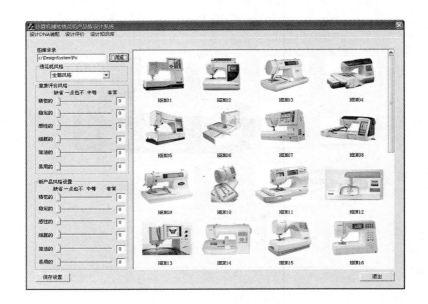

图 6-14
设计评价模块界面

此系统具有以下特点：

● 在"绣花机风格"子模块中，当选择"全部风格"时，则显示设计知识库中所有的 HEM 方案，此时"意象评价风格"子模块和"新产品风格设置"子模块的评分全部回归缺省状态，评分显示为 0。

● 在"意象评价风格"子模块中，建立了 HEM 设计方案与消费者品牌风格之间的映射关系，驱动设计人员进行产品的选型和评价。当知识库中的方案达到一定数量时，每一款 HEM 设计方案就会对应着相应的品牌风格感性意象；同样地，品牌风格感性意象的评价也会对应着知识库中某一款设计方案。

● 在"新产品风格设置"子模块中，允许用户对置入系统的方案进行品牌风格感性意象评价；同时，从三维造型设计模块中输出的 HEM 设计方案，用户也可以进行评价并将之存入到此系统的知识库中。

● 设计风格评价子模块是开放的，允许设计师根据社会需求的变迁及消费者感性意象的变化及时增补、删除评价意象词汇，以适应设计的发展需求。

（3）设计知识库模块

设计知识库模块包括人机工程学知识、HEM 造型设计知识和 HEM 色彩设计知识，为设计师提供知识支持，驱动设计活动的开展。人机工程学知识包含了与绣花机设计相关的人、机器、系统以及操作等方面的知识，包括国际国内人机工程学标准、人体尺度分析、产品的操作形式与方式以及可用性等；HEM 造型设计知识包含了绣花机设计历史、造型设计情境、消费文化、设计原则、绣花机设计基因、装配技术和品牌风格感性意象等；HEM 色彩设计知识包括色彩原理、配色器中 RGB 调色板的使用、色系表、色彩与设计心理、绣花机配色设计原则以及色彩组合等。

本章注释：

❶ 李翔. 产品基因识别与品牌形象关联性研究——以车灯产品为例 [J]. 设计艺术研究，2013,3(4):22-26.

❷ KARJALAINEN TM. When is a car like a drink? Metaphor as a means to distilling brand and product identity[J]. Design Management Journal, 2001, 12 (1). 66-71.

❸ 张凌浩. 基于基因遗传理论产品形象的延续与更新方法研究 [J]. 包装工程，2007，28（8）: 170-173.

第 7 章
软件界面设计
DNA

7.1 软件界面

    软件界面，也可称为用户界面（UI，User Interface），或者人机界面（Human-Machine Interface），是用户（人）与机器互相传递信息的媒介，其中包括信息的输入和输出。软件界面存在于"人—机器"信息交流的过程，反映着两者之间的关系。

    软件界面是用户使用软件时的第一印象，是软件设计的重要组成部分。

    好的用户界面美观、简单易懂且具有引导功能，使用户感觉愉快，从而提高使用效率。

图 7-1
不同种类的用户
图形界面

7.1.1 广义的用户界面

    在研究广义的用户界面之前，我们先了解下人机系统（Human-machine system）的概念。"系统"是由相互作用、相互依赖的若干组成部分结合成的具有特定功能的有机整体。

    人机系统包括人、机和环境三个组成部分，它们相互联系构成一个整体。

    在人机系统模型中，人与机之间存在一个相互作用的"面"，便是人—机界面，或者称为用户界面。人与机之间的信息交流及控制活动都发生在这个界面上。机器通过这个"面"将各种显示信息传递给人,人则通过眼睛、耳朵等感觉器官接收机器显示的信息,经过人脑的加工处理进而做出反应,实现人—机交互。所以说人机界面就是一个主要研究显示与控制的交互系统。

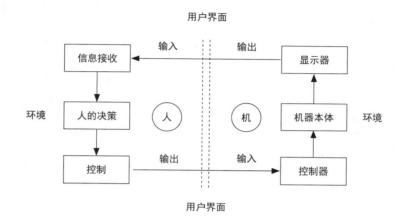

图 7-2
人机系统模型

7.1.2 狭义的用户界面

狭义的用户界面是指计算机系统中的人机界面(Human-computer interface,HCI),是计算机科学中最年轻的分支之一。

用户界面是人与计算机之间传递和交换信息的媒介,是计算机系统向用户提供的综合操作环境。

图 7-3
狭义人机界面
示例

计算机系统是由计算机硬件、软件和人共同构成的人机系统。人与硬件、软件结合而构成了用户界面。其工作过程是：人机界面为用户提供直接的观感形象，支持用户应用知识、经验、感知等获取界面信息，完成人机交互，如向系统输入命令、参数等，计算机将处理所接收的信息，通过人机界面向用户回送响应信息或运行结果。

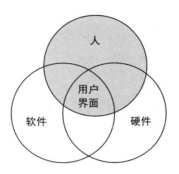

图 7-4
人—计算机系统
的组成示意图

界面设计师处理的是人与硬件界面、人与软件界面的关系，而硬件界面与软件界面之间的关系则通过计算机与信息技术来解决。

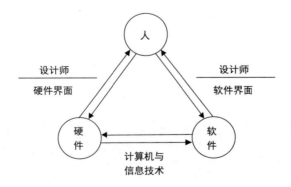

图 7-5
计算机系统中的
用户界面设计

7.1.3 用户界面要素设计

不同的产品，不同的终端平台，其界面设计的范围和内容是不一样的。这里我们主要阐述下页面布局设计与图标设计，这里面蕴含了不同形式的界面要素 DNA。

不同的界面形式，不同的企业，所要求的界面 DNA 形式存在着一定的差异性（图 7-6）。

图 7-6
不同终端、平台下
的用户界面

1. 页面布局设计

页面布局指的是在一个限定的面积范围内对页面的文字、图形图像或表格等进行合理的位置安排与设置。同时也包括具体的细节如文字的字体、字号、纸张大小和方向以及页边距等。将零乱细小的页面组成内容进行分组归纳，并按照某种联系进行组织排列，使页面浏览者有一个流畅的视觉体验。

无论在哪种终端上，页面的布局设计都直接关系到用户的视觉浏览感受与体验，布局设计是整个页面设计的核心，界面里元素、控件和内容如何摆放才能传达良好的用户体验对产品来说至关重要。界面的布局通过提供一种层次化的结构关系，让用户了解内容的优先级。

（1）栅格系统

讲到页面布局设计，不得不提的便是栅格系统。栅格系统（Grid systems）也有人称为"网格系统"，具体操作是通过运用固定的格子设计版面布局，使得整体页面设计风格工整简洁，第二次世界大战后大受欢迎，也已经成为目前出版物设计的主流方法与风格之一。

通过绘制网格能够确保页面设计结构清晰，组织分明，同样也更利于信息层级的设定，让页面信息在阅读时更加明朗，提供良好的阅读体验，让用户更加愉悦。但栅格系统只是有序规范页面布局，而不是限制设计，使设计变得循规蹈矩，设计师应该灵活运用这个方法来优化页面的信息分布与结构布局（图 7-7）。

图 7-7
遵循栅格系统的
出版物设计

　　网页栅格系统从平面栅格系统发展而来，而且现在基于栅格的网页设计已经相当普遍。有时读者甚至可能无法感受到，但不得不承认栅格系统的使用，会让页面信息的呈现变得更加的有序和结构化。从而使得网页更加的整洁、美观、易读，可用性大大提高。

　　栅格，一般在使用过程中，就是借助水平线和垂直线将特定页面基础空间进行分割，如我们经常看到的博客、门户类网站清晰干净的页面布局就是借助栅格实现的（图 7-8）。

图 7-8
网页栅格

　　同时也可以借助栅格划出页面重点突出区域，或者根据人们视觉流的走势来进行栅格布局，从而吸引用户目光，增加访客粘性。如一般而言，人们的视线浏览顺序总是从左到右，从上至下的顺序，因此在进行界面设计时，设计师可以将界面中最重要的内容安排在最容易引起人们注意的地方。

　　（2）栅格系统的设计原理及应用

　　具体在页面设计过程中如何使用栅格系统，下面就来讲一下其原理和具体应用：在网页设计中，把页面宽度为"W"的页面分割成 n 个网格单元"a"，每个单元"a"与单元"a"之间的间隙设为"i"，此时把"a+i"定义为"A"。则得到如下几个关系：

W =（a×n）+（n-1）i

由于 a+i=A，

可得：(A×n) - i = W

这个公式表述了页面布局设计背后内在的栅格系统。

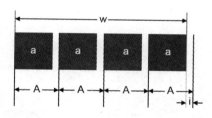

图 7-9

A: 表示一个栅格单元的宽度

a: 表示一个栅格的宽度

i: 表示栅格与栅格之间的间隙

A=a+i

n: 为正整数

W: 表示页面 / 区块的宽度

　　如图 7-10 中 Yahoo 旧版网站的页面栅格设计为例，W=950px，i=10px，根据公式推出 A=40px，所以 Yahoo 旧版首页版式设计所采用的栅格系统可以表示为 W=（40×n）-10。

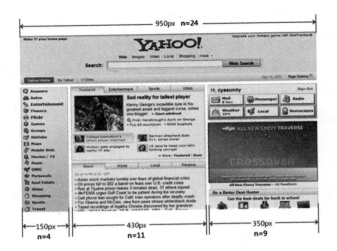

图 7-10

　　栅格系统的设置是为了更好地帮助设计师理解页面设计布局，规范布局，只是一种手法，具体在设计过程中需要更加灵活的应用与创新。当然，栅格也只是建议，设计师具体工作中还是要根据界面设计的需要来灵活设计。设计师要在实践中不断总结经验，具体情况具体分析和解决（图 7-11）。

图 7-11
灵活的页面设计

2. 图标设计

（1）图标的概念

　　图标，源自生活中的各种图形标识，是一种具有明确指代含义的计算机图形。我们电脑桌面上图标是软件标识，而软件界面中的图标是功能标识。

　　图标尽管比较小，但是蕴含了企业丰富的内涵，包括理念识别、行为识别和视觉识别等要素。图标的外形和色彩，包含了企业丰富的 DNA 设计元素。

① 广义的图标

广义的理解，图标即具有指代意义的符号，具有传达信息、便于记忆的特性。图标遍布于我们的生活，应用范围极广，如各种交通标志、厕所标志等（图 7-12）。

图 7-12
行人禁行标志
（a）& 厕所标
识（b）

（a）　　　　　　　　　　　　（b）

② 狭义的图标

狭义的图标主要是指计算机软件方面，如命令选项、程序标识、状态开关与指示，等等。图标的作用主要是用户通过单击或者双击的方式快速执行命令或者打开文件。同时图标有自己的一套格式，包括大小、属性，等等。另外，由于计算机操作系统以及显示设备的多样性，导致图标的大小也需要多种格式（图 7-13）。

图 7-13
计算机软件中的
图标

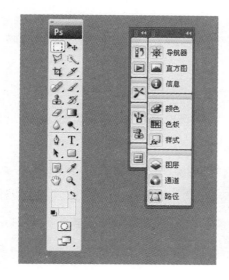

图标以图形符号的形式来处理信息和知识。采用生活化和象形化的图形来传递信息的图标更加直观易读，如喇叭就是音量图标、房子是主页图标等。同时，图标具有形、意、色等多种刺激，传递的信息量大，抗干扰力强，易于接收，因此图标在硬件界面和软件界面的设计中具有重要的意义（图 7-14）。

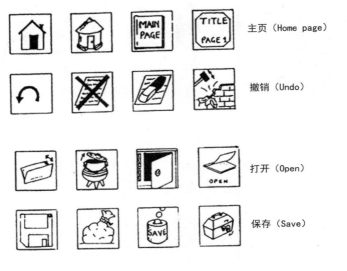

图 7-14
同一含义不同形式的图标

（2）图标设计的基本原则

图标设计，除了基本的直观、漂亮等视觉展示要求外，其具体的设计原则概括如下，这也是评价一个图标设计好坏的指标。

第一：可识别性。表示图标的图形，必须要准确，让用户看到时能明白其含义，这是图标设计必须满足的首要原则。如图 7-15 中的设置（settings）和影像（video）图标辨识度就很高。

第二：差异性原则。界面上的图标，要有明显的差异性和区分度，易于辨认。如图 7-16 中电台（FM radio）、音乐（musics）和照片（pictures）图标的差异性就不够大，如果三个图标尺寸缩小，会难以区分。三个图标既不够直观，差异性也不够大。

图 7-15
差异较小的图标
缩小后难以辨识

　　第三：合适的精细度。图标设计简洁直观，首先图标是为了代替文字，但又要美观，却不能一味地追求炫酷效果如高光、质感，等等，一切出发点都应该是为了信息展现。为了图标能够被轻松识别，尽量去除不相关的设计元素（图 7-16）。

图 7-16
图标信息展现

字体册.app　　　信息.app

　　第四：风格统一原则。我们常会看到一些软件界面上堆砌着各种不同风格的图标，单独一个图标看来可能没什么，但是很多图标放到一个页面中便会极其影响美观和风格的统一性。如 7-17（a）中 WindowsXP 中的 shell32.dll 文件下有各种不同风格的图标，混乱不堪。一套好的图标设计必须是视觉风格协调统一的，要有统一的风格。这种统一性主要体现在图标的形状、透视、大小、色彩、表现技法等各方面。

图 7-17
WindowsXP 中
的 shell32.dll 文
件（a）& 一套
一致性高的图标
设计（b）

（a）

（b）

第五：与环境的协调性。图标最终是要放置于界面，所以要考虑图标设计的界面环境。如果本身是拟物风格的界面设计，那如果配以简洁、平面风格的图标设计可能就不是非常协调。

第六：尺寸大小与格式。图标的尺寸常有以下几种：16×16、24×24、32×32、48×48、64×64、128×128、256×256，图标过大占用空间，过小精细度会变低，图标尺寸大小的确定，常常需要根据界面的需求而定。

图标的常用格式有以下几种：PNG，GIF，ICO，BMP，ICNS（Macintosh 系统里独特支持的格式，仅限于此系统）。

（3）图标设计的相关研究

图标是图形界面的重要组成部分，是设计师和用户都能理解的设计语言，能够快速地被识别与记忆[1]、消除用户与计算机的沟通障碍[2]、让用户更喜欢读图[3]等。图标设计的简单性、直观性、隐喻性的理想状态即是永远不需要用文字来告诉人们他们看到的是什么。为达到这个理想状态，图标设计的要求不断地提高，规范越来越严格，因为设计不当的图标会拉低认知效率，影响用户的操作流程，甚至造成误操作（图 7-18）。

图 7-18
图标设计

因此关于图标设计的研究越来越多，设计学方面，主要通过问卷、访谈、数据分析等方法；借助眼动仪等专业测量设备，从定性与定量的角度得到优化图标设计的方法。如林德伯格（Lindberg）[4]等通过眼动仪记录用户在搜索图标过程中，图标的阵列间隙、图标尺寸、阵列方式对搜索效率的影响，并获得"用户较偏好 0.5～1 倍的图标间隙、5×5 的阵列矩阵方式；正常的图标尺寸不能小于 0.7°的视角（如在 40cm 的距离查看大于 0.5cm×0.5cm 的图标）"的研究成果。Huang[5]通过记录用户识别常用图标（邮件、保存、发布、打印）的时间和错误率，结合方差分析研究图标类型、图标 / 背景比例、图标 / 背景颜色组合对认知效率的影响，结果表明：邮件、保存图标的认知效率高；70% 的图标 / 背景比例，白 / 黄、白 / 蓝的图标 / 背景颜色组合都得到较高的认知效率。

我们就图标背景形状、图标图形与背景的比例这两个因素对用户视觉搜索效率以及用户偏好的影响进行了研究 ❻，通过实验得到结论如下：在 3.5 和 4.0 英寸的手机终端上，有统一背景形状的图标（如推荐正方形、圆形及倒圆角正方形为图标背景）是比较好的选择，在 3.5 英寸的手机上，60% 的图标图形 / 图标背景占比的搜索效率和用户满意度最高，4.0 英寸的手机上则是 50% 的比例；而在 4.7 英寸的手机上，比起有统一背景形状的图标，没有背景的图标却是较好的选择（图 7-19）。

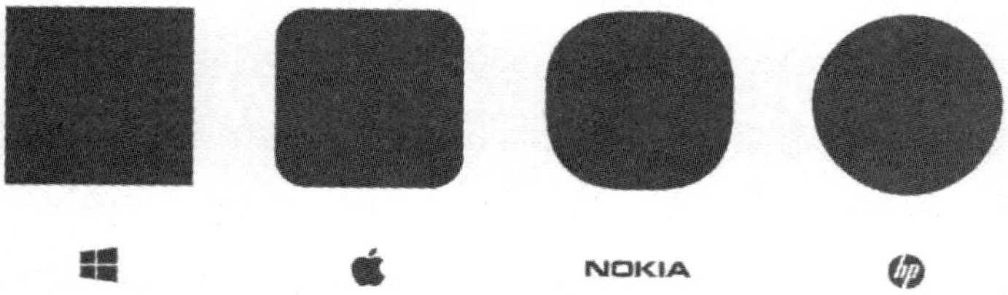

图 7-19
不同操作系统下
的图标背景形状

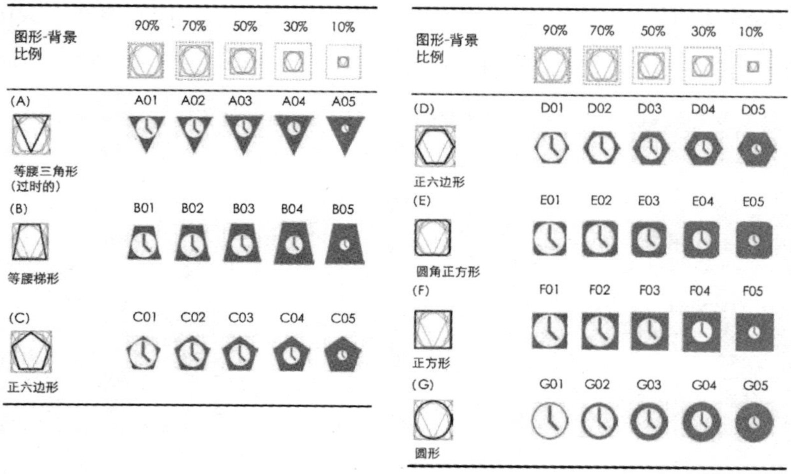

图 7-20
实验中用到的具
有不同背景形状
及不同图标图形 /
图标背景占比的
实验素材

心理学方面，图标设计的相关研究主要针对用户的认知习惯、抽象思维能力、隐性知识、文化背景等。如 Kunnath 等 ❼ 发现接近实物的具象图标最符合用户经验认知，因此最容易被识别。帕西尼（Passini）等 ❽ 通过实验结合方差分析，验证了图标认知与用户经验成正比，写实图标更容易与其功能进行关联，图标情境对图标认知影响较小等规律。萨尔曼（Salman）等 [9] 与皮亚蒙特（Piamonte）等 [10] 通过研究土耳其、美国、瑞典用户在图标认知上的表现，呼吁针对不同文化背景的用户展开不同的图标设计，并以医疗设备界面为例，提出用户参与式的图标设计方法。

符号学领域，设计方面的符号学研究目前主要包含三类：产品设计的符号学、环境设计的符号学和视觉设计的符号学 [11]。在图标设计领域，Chang 等 [12] 基于符号学，通过数学公式的形式研究了图标的结构，并提出图标代数理论；张涛等 [13] 利用图标代数理论，以减少用户与图标的认知距离为目的，优化地图中的图标结构设计等。

以上研究对图标设计的发展起到了一定推动作用，我们在这些成果为基础，从以下方面对图标设计展开新的研究：① 从图标本身出发的正向研究。目前的研究多是"从用户研究到图标设计原则"的逆向过程。然而，由于不同的用户群对于图标功能的理解存在差异，所以从图标本身入手引导用户进行认知的正向研究，探讨图标的设计表达、与功能的映射关系同样重要。② 基于设计符号学的图标设计研究。利用图标本身的符号特性，通过设计符号学对图标进行剖析与解构，从图标本身出发进行正向研究，结合用户研究从而获得完整的"闭环式"图标设计理论，如图 7-21 所示。通过设计符号学研究，提出具体的图标设计方法与步骤，辅助设计人员进行图标设计工作。

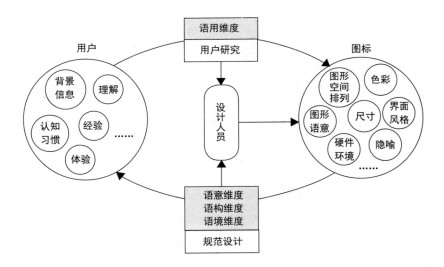

图 7-21
"闭环式"图标设计理论模型

（4）案例：基于设计符号学的图标设计研究

第 3 章我们已经讲过设计符号学的相关知识，此案例将运用设计符号学的知识对图标设计进行解读，也主要是从语意、语构、语境、语用四个维度进行，如图 7-22 所示。

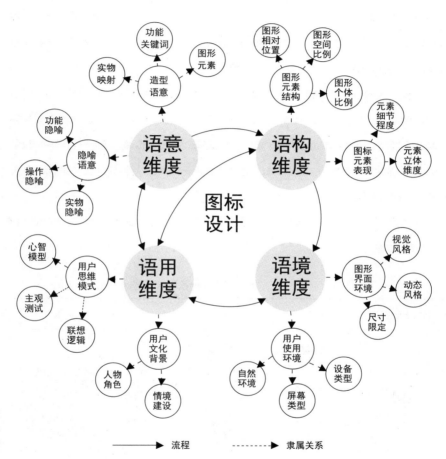

图 7-22
基于设计符号学
的图标设计解构

———————▶ 流程　　-------------▶ 隶属关系

语意维度：包括造型语意与隐喻语意。造型语意从显性角度对图标功能进行表达，隐喻语意从隐性角度解释相对抽象的内容。造型语意是图标表达的首选方案；由于不同用户的隐性知识存在差异，所以隐喻语意表达需要结合一定的用户研究。

语构维度：包括图标元素表现与图标元素结构。语构是对图标意义设定和认知组合的构成法则。首先确定图标元素的空间结构、空间比例；其次，确定图形元素的表现形式（包括视角、比例、精致程度）；当处理包含多个元素的图标时，更要注意合理安排元素之间的结构关系。

语境维度：包括图形界面环境以及用户使用环境等。图标需要从视觉上配合图形界面环境的整体风格，考虑图标的造型、尺寸、色彩、材质、细节、命令反馈形式等。用户使用环境包括承载图形界面的硬件媒介的硬件环境，以及自然环境，用户与图标交互过程时的自然环境，如环境亮度、天气、噪声等。

语用维度：包括用户的思维模式、联想逻辑和文化背景。图标设计秉承交互设计中"以用户为中心"的设计方法，语用维度上的研究能够帮助设计人员明确图标用户的认知习惯与认知能力，更准确地实现用户内隐知识的获取、表征、传递、运用，将用户的隐性知识予以显性化，有助于生成更有针对性的图标设计方案，从而减小用户与图标的认知距离，增强认知准确度。

以常用的"电子邮件"图标为例，从语意、语构、语境、语用四个维度进行设计符号学解构过程如下（表 7-1）。

基于设计符号学的图标设计解构实例　表 7-1

图标设计方案	语意	语构	语境	语用
电子邮件图标	信封、信函等 @ 电子邮件标记	由信封与电子邮件标记组成	统一的 2.5 维半写实效果，水晶风格	用"信封"表示"邮件"功能，结合电子邮件标记符合用户的思维模式与联想逻辑，文化适应性强
	实物映射	图标构成 + @		

图标主体元素根据功能的复杂程度，通过单一或组合形式的图形元素传达语意；辅助元素与视觉样式起到统一图标风格的作用，对功能语意的传达影响较小；根据设计师的审美要求，对图标进行润色并得到最终方案；用户的思维模式与文化背景（语用维度）

在设计过程中对图形元素、视觉风格的选择等起约束作用。

此研究案例利用图标本身的符号特性，通过设计符号学对图标进行剖析与解构，并结合用户研究进行认知、整合上的创新，从而获得完整的"闭环式"图标设计理论，并进行具体应用。

◆ 基于设计符号学的图标设计过程

此案例从基于设计符号学的图标设计理论出发，结合阿曼多（Armando）[14]提出的图标代数原理，图标设计方案可以表达为：

$$
\begin{aligned}
&I(SE, SY, CO, PR), \\
&SE = \{SE_1, SE_2, \cdots SE_m\} \\
&SY = \{SY_1, SY_2, \cdots SY_n\} \\
&CO = \{CO_1, CO_2, \cdots CO_p\} \\
&PR = \{PR_1, PR_2, \cdots PR_q\}
\end{aligned}
\qquad 公式（7.1）
$$

其中：SE 表示语意层的图形语意集，SY 表示语构层的构成规则集，CO 表示语境层的视觉风格集，PR 表示语用层的用户知识映射。SEm，SYn，COp，PRq 的变化会引起 I 的变化，即表示同一功能的图标存在多种设计方案。

根据图标代数原理，SEm 与 SYn 的关系可以表达为：

$$
I(SE_x, SY_x) = SE_1 \begin{Bmatrix} SY_1 \\ SY_2 \\ \vdots \\ SY_n \end{Bmatrix} SE_2 \begin{Bmatrix} SY_1 \\ SY_2 \\ \vdots \\ SY_n \end{Bmatrix} \cdots SE_m
\qquad 公式（7.2）
$$

$$m \geqslant 1 \, n \geqslant 1$$

在图标设计过程中，多个 SE 按照特定的构成规则 SY 进行组合。理论上，SE 的个数 m 不存在上限，但由于实际应用中 CO 的限制，通常 $1 \leqslant m \leqslant 4$。COp 与 PRq 较大依赖于用户的主观意愿，COp 决定 I(SEx, SYx) 视觉风格，PRq 为用户知识映射，影响 SEm，SYn，COp 的确定。综上所述，基于设计符号学的图标设计过程如图 7-23 所示。

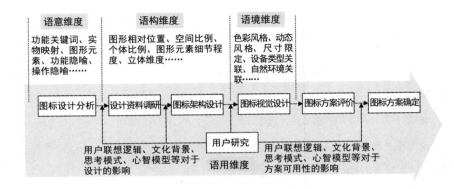

图 7-23
基于设计符号学
的图标设计流程

基于设计符号学理论的图标设计具体过程如下：

1）语意维度。根据图标功能进行关键词提取，获得图标功能的意象词汇；围绕意象关键词，寻找实物映射、隐喻图形元素等，确定图标功能语意在设计表现上的基调。

2）语构维度。根据搜集的图形元素，与已有的同类图标作比较后，展开原创性的图标结构设计。在此过程中需要对图标的图形元素相对位置、空间比例、立体维度等属性进行确定，最终得到一个图标方案的基本架构。

3）语境维度。根据图标方案的基本架构，结合设备类型、软件界面风格、屏幕分辨率、使用自然环境等因素，对图标视觉渲染、动态风格规范等，最终得到一个较完整的设计方案。

4）语用维度。用户研究穿插于整个图标设计过程中，用户的联想逻辑、文化背景、心智模型等特征会影响图标元素的选择、相关调研资料的搜集、图标视觉设计的风格偏好等。在设计人员得到多个图标方案后，开展用户参与的可用性测试，得到最终方案。

在整个流程中，设计在四个维度上按照一定步骤深入，并相互制约、相互影响。同理，图标设计方案评价也可基于设计符号学展开，由简入难，逐层剖析。首先从语境维度审视图标的美观性、统一性；其次，从语构维度评价图标元素之间的比例、尺寸、细节等协调性；最后，结合语用维度的目标用户研究从语意维度对构成图标的图形元素内容进行评价。结合以上三者，可获得该图标方案的最终评价结果。不同于传统的实验评价法，该方法能够对方案做出快速评价，从而提高效率，辅助设计人员在图标设计过程做出快速的优化迭代。

从基于符号学的图标设计流程中可知，语意维度和语构维度确定了图标方案的基本架构，属于图标设计过程中较为重要的步骤。

◆ 基于设计符号学的图标设计应用实例

采用 .NET 技术，在 Windows 7 平台上使用 Java 编程语言构建了一个用于辅助图标设计过程的计算机原型系统 IDAS1.0。IDAS1.0 面向图标设计人员、系统工程人员等，目的在于：① 设计人员通过该系统能够较自然、便捷地完成图标设计以及方案优化的全过程。在图标设计的同时由系统提供相关的参考资料和知识项，以获得更为客观、合理的设计方案；② 不擅长图标设计的工程人员，可以通过系统快速地获得较为专业的图标设计方案。

i. 系统的主要内容和体系结构

IDAS1.0 为图标设计人员与系统工程人员服务，既是组织和管理图标设计资源的知识库，又是支持在线生成图标与评价图标的拥有交互式界面的平台。系统包括三个模块：快速设计模块、设计符号学评价模块以及知识库模块，整个系统的结构如图 7-24 所示。其中，快速设计模块用于快速得到多个图标方案；设计符号学评价模块用于对图标方案进行评价，便于筛选出可用性较好的方案；知识库用于组织和管理图标设计素材数据，有效的数据组织可以提高设计效率，也是支持知识配置的重要环节。

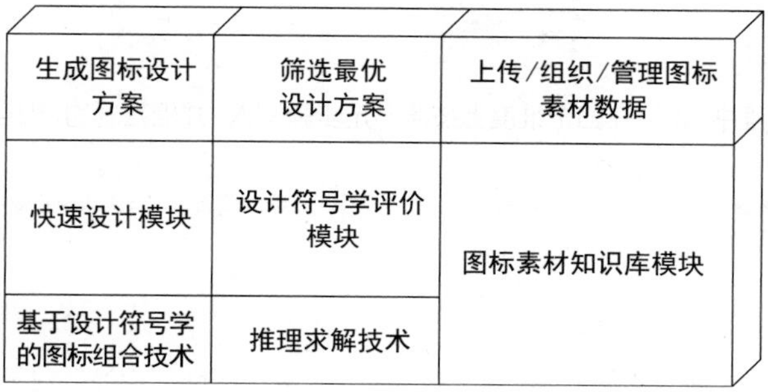

图 7-24
计算机图标设计辅助系统 IDAS1.0 体系结构

生成图标设计方案	筛选最优设计方案	上传/组织/管理图标素材数据
快速设计模块	设计符号学评价模块	图标素材知识库模块
基于设计符号学的图标组合技术	推理求解技术	

快速设计模块的关键词搜索功能涉及模糊推理求解技术的处理工作，案例中模糊推理求解技术在前期主要采取标签匹配的数据匹配方式。后期升级完善过程中，系统将会采用基于实例的推理模块（case based reasoning, CBR）[15]，CBR 能模拟设计师的设计过程，核心是利用已设计好的方案，根据新需求寻找最合适的方案进行匹配，该算法思想能较好地满足评价系统的同类素材匹配模块，并使系统推送的数据更具灵活性与启发性。

ii. 快速设计模块

图标快速设计模块基于设计知识库，采用了参数化设计技术，实现图标元素结构的可视性，满足多个方案的实时生成、组合、展示和方案比较，提升了设计人员和工程人员的创新设计能力。用户只需在图 7-25 所示的界面中输入图标功能关联词汇，然后从系统匹配的图标设计元素中选择不同的主体元素与辅助元素，系统就会按照设定的规则自动生成一个图标方案与多个图标参考方案供比较，并实时修改。

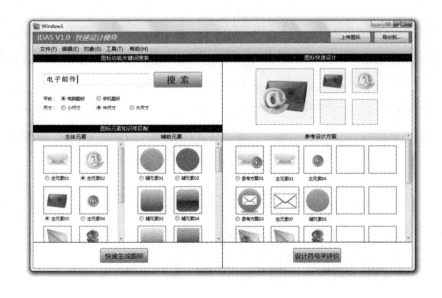

图 7-25
IDAS1.0 快速设计模块界面

iii. 设计符号学评价模块

利用知识库中的图标设计实例评价结果，收集资深图标设计师对于所选图标元素在设计符号学各个维度上的可用性评价，通过图标设计符号学评价系统的界面呈现（图7-26）。方便设计人员比较、选择可用性最优的设计方案，并加深工程人员对图标设计的专业认识。

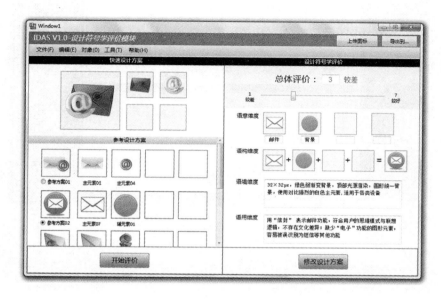

图 7-26
IDAS1.0 设计符号学评价模块界面

iv. 知识库模块

知识库模块是一个开放的、灵活的图标设计元素数据库。库中的图标设计素材数据会根据社会的变迁、现代设计风格的发展等因素进行更新。知识库要求资深的图标设计师上传图标方案、内容描述及图标细节拆解，并对其添加功能、图形、要素、风格等标签便于搜索匹配；以及进行设计符号学各个维度的评价，支持图标设计工作（图7-27）。

本案例邀请 10 名资深图标设计师通过实验得到了知识库的初期数据储备：

1）整体评价。获得图标的评价得分，并记录整体印象评价。

2）图形元素拆分，并添加标签。从语意维度、语构维度对系统图标进行解构，从而得到图标的图形元素；并对单个元素添加标签，便于搜索匹配。

3）对图形元素进行优化重组。目的在于针对同一个功能图标，得到优化的设计

图 7-27
IDAS1.0 知识库
模块界面

方案，从而形成同类图标的对比矩阵。

以上实验数据为知识库提供了初期数据储备。随着时间推进，知识库会被不断更新与丰富，从而满足用户的使用需求。

知识库的特点在于：

1）在图标、图形元素与图标关键词标签上，建立了图标设计方案与用户认知之间的映射关系，辅助设计人员进行图标的设计和评价。当知识库达到一定数量时，用户即可通过关键词匹配得到大量经过优劣筛选的设计参考方案。

2）允许资深图标设计师对置入系统的方案进行设计符号学各个维度上的评价，用户就可以从知识库中得到所选图标设计符号学知识。

3）系统是开放的，允许图标设计师根据社会的变迁及消费者的偏好变化修正图标评价结果。当系统中的预存数据内容不能满足评价需要时，设计师可以在"当前图标属性"模块下更新评价内容。

v. 系统使用评价

按软件使用流程，系统生成一套基本功能图标，并邀请 30 名普通用户进行该套图标的认知测试。以图标认知速度与认知错误率作为评价标准，使用基于设计符号学的图标设计辅助系统设计生成的图标方案拥有好的认知度与可用性（图 7-28）。

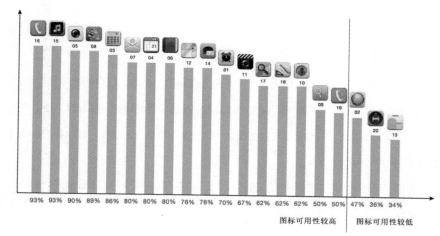

图 7-28
IDAS1.0 图标设计实验结果

该系统仍是一个较初级的理论应用，在后续的研究工作中还待优化，引入网络化、社交化的平台系统及基于实例的推理模块，对系统知识库进行升级，从而推进系统的智能化。

图标作为人机交互界面的一部分，近年来成为研究的热点。同时由于交互设计问题的复杂性，特别涉及用户研究、隐性知识表达、信息建模、用户情境变迁等对设计推理过程的影响，这一理论的广度和深度还有待于进一步地深入探讨。

7.2　软件界面设计 DNA

随着科技的高速发展，计算机设备正以丰富的产品形态快速地闯入我们的生活中。产品形态早已不再局限于台式电脑及笔记本电脑，而是延伸出智能手机、平板电脑、智能眼镜、智能手表等丰富多样的产品类型。英国信息技术公司 Logicalis 的调查中发现，英国的青少年平均每人拥有 6 个数码产品，现代人已经开始与多个电子设备同时产生交互行为，同时一款产品也会在多个终端平台上线。随着终端展示尺寸的不同，软件产品如何保持产品形象的一致性？如何保证体验的一致性？同时，软件产品的 DNA 是什么呢？

7.2.1 软件界面设计 DNA 探索

案例：网易云音乐

由于以产品特性为载体，界面必然符合产品的功能特性以及品牌特色。通过对不同终端产品包含的控件、控件样式、视觉要素及布局关系等进行调研，探索其共性，最终总结出控件及其样式在界面上及不同终端之间内在关联时的应用规律，在规律的基础上便可提取界面设计因子。

我们以网易云音乐的软件界面设计为例，对其在不同终端上的界面设计进行简单地比较分析，探索网易云音乐的品牌基因。

图 7-29
网易云音乐 logo

首先对网易云音乐的 logo 进行一下解析（图 7-29），第一眼看上去便是留声机 +黑胶唱片 + 乐符（高音谱号）两种符号元素构成，可以理解成表达了一种音乐态度和对音乐的传承。有人说也可以从 logo 中看到 "@" 和抽象化的 "易" 字，以此来表达行业属性（图 7-30）。

图 7-30
留声机、黑胶、
高音谱号

图 7-31
网易云音乐 8 种
终端下的播放界
面图例

图 7-31 为网易云音乐在 8 种不同终端平台的播放界面，结合 logo 的设计，总的来说可以得到以下几点：

1）红色为其主要品牌色；大幅黑灰底色基础上加上品牌色提亮了整个画面，增加界面的层次感与质感；

2）界面中控件的设计以圆润为基调，为圆形或者圆倒角矩形为主，与 logo 图形的圆润线型相呼应；

3）播放界面以留声机 + 黑胶唱片 +CD 封面的组合形式构成界面核心区，这些元素都是音乐情怀很好的代名词，古典中透露出优雅，却也不乏时尚和科技感；

4）部分终端采用形式完全相同的控件设计元素，或者进行针对性调整修改，这是对品牌的传承和延续。

这些都是网易云音乐的品牌设计 DNA，增加品牌识别性的同时，无形中传达出品牌文化与价值。

通过对细节进行分析，我们可以得到网易云音乐的色彩基因，尽管不同终端显示屏和分辨率会有一定的影响，但改变不了其品牌色，如图 7-32 所示。

另外，通过对网易云音乐不同终端上的图标（icon）进行对比分析，不难发现其界

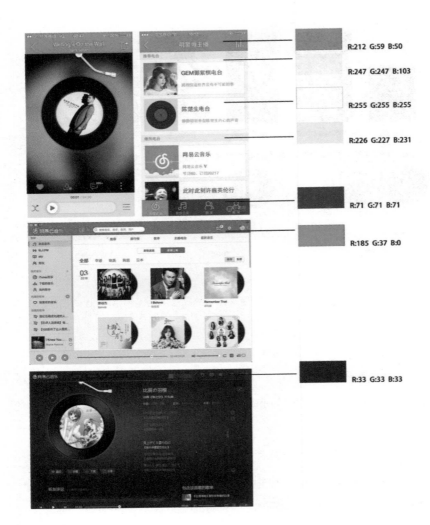

R:212 G:59 B:50

R:247 G:247 B:103

R:255 G:255 B:255

R:226 G:227 B:231

R:71 G:71 B:71

R:185 G:37 B:0

R:33 G:33 B:33

图 7-32
网易云音乐品牌
色彩分析

面控件设计以圆润为主，icon 多是无棱角、纯色如纯白或纯灰的圆润图形样式，给人纯粹、精致和舒适的感觉。

网易云音乐还有一个经典设计，便是血槽式进度条（图 7-34），在新版的设计中，血槽进度条的设计变细，整个播放界面使用全屏沉浸式设计，界面更加清爽（虽然在iOS 的最新版本中没有体现，但在设置中，依然可以切换至经典播放界面。这可以算是品牌的隐性基因）。

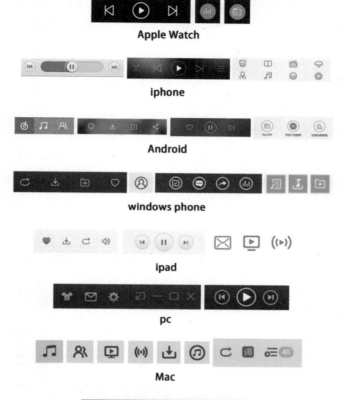

Apple Watch

iphone

Android

windows phone

ipad

pc

Mac

Web

图 7-33
网易云音乐界面
中的 icon 设计

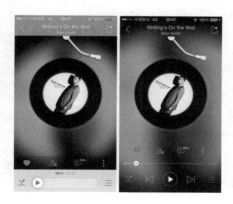

图 7-34
网易云音乐播放
进度条设计（左
图为血槽式进度
条，右图则为线
条式进度条）

对网易云音乐软件的初步讨论是为了先将基因和品牌的概念引入到交互及界面设计中来，有了初步的理解之后我们再进一步通过后面的研究进行系统性的探讨。

7.2.2 响应式设计

随着移动互联网的普及，手机网民的占比越来越多，PC 互联网加速向移动端发展和迁移，从 2014 年第三季度开始，百度移动端搜索流量已全面超越传统 PC 互联网。同时，随着人们拥有的联网设备越来越多，人们上网的终端选择也越来越多，而设备间的分辨率又不尽相同，对于网页设计来说，针对不同设备及分辨率开发不同的独立版本已经显得不切实际了。如何使网站的页面在不同的设备下自动做出相应的调整，同时又显示尽可能多的内容呢，这就不得不提到响应式页面设计。从 2012 年开始，响应式设计的概念就逐渐受到设计师的推崇，大家对网页设计的趋势预测中也都提到了响应式设计。

1. 响应式设计的概念

2010 年 5 月，"自适应网页设计"（Responsive Web Design）的概念被伊森·马科特（Ethan Marcotte）提出 ⓰，这个概念主要是指可以自动识别屏幕宽度、然后做出相应调整的网页设计。简言之，就是一个网站能自动切换分辨率等以兼容多个终端，这个概念为移动互联网浏览而生（图 7-35 ）。

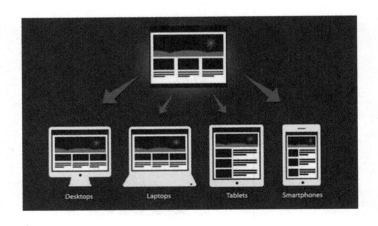

图 7-35
自适应网页设计

所以响应式的网页设计其基本的设计理念是：根据用户行为以及使用的设备环境"系统平台、屏幕尺寸等"进行相应的调整，包括网格和布局、图片及相关脚本等。响应式的页面设计布局能为用户提供更为舒适的界面和良好的用户体验。同时，比起分别作独立版本，又很大程度地降低了开发、维护及运营成本，而且改动某一页面的时候其他页面不受影响，操作也比较灵活。

响应式页面的设计不仅仅分辨率自动适应屏幕和图片自动缩放这么简单，这是一种全新的向下兼容、移动优先的思维模式，同时也可以很好地利用 Web 特有的灵活性与可塑性。

设计师可以采用内容优先的设计准则和思维模式来进行响应式页面布局的设计。响应式网站的界面设计需要根据设备屏幕尺寸、平台属性、设备特性、用户行为和情境信息做出针对性响应。该设计方法在实践中由灵活的图层、图片和 CSS 媒体库组成，当用户从桌面设备切换至移动设备时，计算机根据设备属性自动调整界面布局并通过屏幕展示给用户（图 7-36）。

图 7-36
响应式页面设计

320px　　　　　　　　768px　　　　　　　　1024px

2. 响应式界面相关研究

已有研究主要针对移动设备自适应界面（Adaptive User Interface，AUI）、移动设备交互设计方法和移动网站的设计等领域 [17]、[18]、[19]。自适应界面作为一种智能用户界面，通过推断设备的能力局限性，猜测并使界面内容、对话方式、界面风格等元素以适应用户需求，从而改善界面在特定设备上的体验。用户对移动设备可用性的感觉不仅受到设备质量的影响，界面体验、服务支持、网络情况等因素都会造成影响。因此，不同终端设备上不同尺寸的屏幕对于界面设计的要求亦不相同。所以设计师需要针对各种设备的特性对相应的网站界面进行设计。

3. 响应式界面特点

AUI 界面在复杂人机交互解决方案领域应用的比较广泛。这类界面系统的基本原理是设备获取用户及情境数据并加以分析处理，推测用户可能存在的认知局限和操作能力限制，根据推断动态地调整用户界面来适用此时用户的具体情况。迪特里希（Dietrich）提出 AUI 界面包含五个部分：自适应主要模块及自适应过程中所起的作用；自适应的实施时间；触发自适应程序的信息依据；自适应的目的；组织层次 [20]。网站的响应式界面是 AUI 界面的一种简化形式，在设计过程中，预先根据设备屏幕尺寸确定界面控件与布局，然后再实际应用中根据设备属性调用相应的界面。因此，相对 AUI 界面而言，响应式界面是一种以设计为主导的界面形式，在技术层面上并不复杂。以下，基于 AUI 界面的特征对响应式界面特性进行对比阐述：

（1）自适应主要模块的作用方式

由于自适应界面会对元素进行调整，这可能会给用户带来一定的困扰，因此用户与系统之间如何合理分配控制器是一个重要的问题。程时伟 [21] 总结了自适应主体不同控制权分类的情况（图 7-37）。然而针对响应式界面的情况，则要相对简单，它完全由系统主导，用户只需要根据界面呈现的内容进行交互并完成任务目标。响应式界面的重点放在前期的设计阶段，完成后即由系统主导自适应进行控制，所以我们的讨论重点即围绕多终端设备网站响应式界面的设计方法展开，希望通过研究严格把控前期的设计阶段，从而为用户提供优秀的体验。

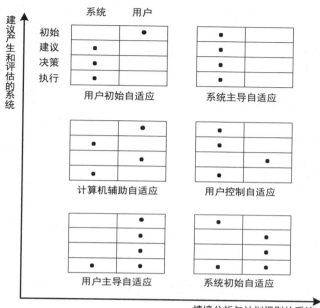

图 7-37
不同的自适应主
体控制权[20]

（2）自适应依据模型及推理方法

传统实现自适应机制的关键在于依据有关信息进行需求推理，判定启动自适应的触发条件，以保证自适应是有序和可控的。

自适应机制的输入部分用于记录人机交互模式及其过程数据；推理部分根据输入部分数据信息对用户意图、目标和行为进行判断，以此决定系统采用何种方式实现自适应，即决定输出部分的系统行为，该部分是自适应系统的核心，建立在相对合理的推理原则基础上；输出部分根据推论部分的决策，自动改变系统的某些特性，如界面菜单的呈现方式、显示的内容等（图 7-38）。

响应式界面的机制的推理部分不存在复杂的算法，而是直接获取设备屏幕的分辨率，然后匹配合适的界面布局方案即可。因此，响应式界面的输入与推理部分可以进行合并，其作用是输入用户数据、获取设备特征信息并匹配相应控件布局方案；再由输出部分进行呈现。

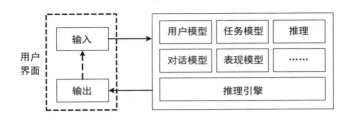

图 7-38
自适应机制模型 ⓩ

（3）自适应周期

可以根据用户与系统之间会话的不同过程设定自适应周期：

首会话前（Before First Session）自适应发生在第一次使用系统之前，如在设计阶段考虑典型用户的需求，并为其进行定制。对于个体用户而言，由于其多样化的需求难以预测和定义，这种策略就不再适用。有些系统会在使用之前让用户进行个人喜好选择和定制。

会话中（During Session）自适应在会话中的连续过程、预定义时刻实施，或随机实施，或在某项操作完成和预定义某状态出现的前后被实施，或应用户主动请求后被实施。系统可以根据自适应的结果及时进行评估。但这也会造成用户界面的不一致性，导致用户在使用过程中对用户界面产生认知困难。此外，一种被称为"狩猎"的现象也会发生，即用户和系统都试图努力适应对方，而始终难以达到一个相对稳定的平衡状态。

会话间（Between Session）自适应发生在两次会话之间，通常系统会根据最后一次会话中的用户需求进行自适应，但对于那些偶然使用的功能或偶然用户而言，两次会话之间的长时间隔中，用户的需求、状态可能已发生了显著变化，那么基于最近一次会话做出的自适应显然就不再合适。对于手机、PDA 等移动设备而言，由于用户在日常生活中频繁使用，则可以避免这一缺陷。

响应式界面的自适应周期也可由这三种状态进行概括，每次从一个设备上打开某网站，即完成一次首会话过程；在使用过程中设备屏幕尺寸发生改变（竖屏变为横屏），则完成一次会话过程；不同会话之间的过程，如传感器的使用也会偶然地发生。

（4）自适应的目标与功能

为提供合适的自适应服务功能，需要明确自适应的主要目标，已有研究对自适应的主要目标与示例功能需求进行总结（表7-2）❷。

自适应的目标与功能　表7-2

主要目标	目标描述	功能示例	功能描述
可提高用性	让系统方便、有效、高效	缺省设置	提高对系统理解
降低操作复杂度	使系统操作简便	界面简化	隐藏不常用功能组件
简化操作流程	简化操作	任务简化	通过宏命令、批处理简化任务步骤
加速过程	加快进度，提高反应速度	输出控制	减小设备压力，实现资源优化配置
提供合适信息	适当提供用户所需信息	主动帮助	主动帮助优化操作
		容错、纠错	错误报告、纠正提示
支持用户多样性	满足不同用户需求	定制	根据喜好增删组件
		任务简化	省略新手帮助
		功能推荐	根据用户状态提供功能
支持用户个性化	不断适应用户经验、能力和需求变化	个性化输入	菜单选择、命令行切换等

响应式界面的目标相对简单（表中灰底标注部分）。

（5）自适应界面的应用

目前 AUI 界面理论存在许多实际应用，根据设备类别可分为如下几种：

电脑桌面应用程序。许多应用程序都能够成熟运用自适应界面的原理，如微软 Office 中很多细节之处的设计都可以找到自适应界面的应用案例。

互联网应用程序。国内外的电子商务网站，如 Amazon、淘宝、京东等都会根据用户购买历史和浏览情况通过用户模型分析出用户可能的兴趣点，然后在页面上展示相关产品的信息和链接。

移动设备应用程序。移动平台上的应用是当今热门，通过设备上的各类传感器技术实现界面自适应功能，如根据加速度传感器获得用户行走速度，相应调整界面上字体和图片的尺寸；在屏幕亮度自动调节的模式下，通过手机光照传感器感应用户所处环境的光照情况来调节界面的亮度等。

后面我们将通过案例研究，同时对桌面设备、移动设备的网站界面展开分析。

7.2.3　多终端响应式界面设计 DNA

1. 多终端界面设计因子的提取

（1）构成产品界面的设计因子分析

结合产品族基因理论，我们将构成界面布局的设计因子也进行层次化的划分，也分为通用型设计因子、可适应型设计因子和个性化设计因子三种。

① 通用型设计因子（General Design Factor，GDF）包含了一个界面的基本识别要素，只要是美观的、符合需求的、令用户印象深刻并不影响体验的延续性特征，便可快速运用到多终端界面的系列化设计中去。

② 可适应型设计因子（Adaptable Design Factor，ADF）可适应型设计因子指为不同终端定制的具有差异化的界面元素，但又保持统一的设计特征。

③ 个性化设计因子（Individual Design Factor，IDF）指特定终端上专有的或与终端特性紧密结合的设计特征，不同终端之间应用完全不同的设计元素，差异较大，因此不适合进行统一化设计。

通用型设计因子在所有终端界面中均保持一致形态；可适应型设计因子在设计特征上保持一致，但根据终端特性有较小的调整；个性化设计因子在所有终端界面中均不相同（图 7-39）。

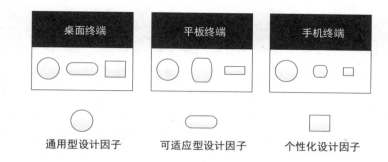

图 7-39
多终端界面中的
设计因子层次

通用型设计因子　　　可适应型设计因子　　　个性化设计因子

基于上述三个设计因子层次，某产品多终端界面所含设计因子可表示为：

$$MI(GDF, ADF, IDF)$$
$$GDF = \{GDF_1, GDF_2, \cdots GDF_m\}$$
$$ADF = \{ADF_1, ADF_2, \cdots ADF_n\}$$
$$IDF = \{IDF_1, IDF_2, \cdots IDF_p\}$$

公式（7.3）

其中：GDF 表示通用型设计因子，ADF 表示可适应型设计因子，IDF 表示个性化设计因子。GDF_m，ADF_n，IDF_p 的变化会引起 MI 的变化，即表示同一产品的界面存在多种设计方案。

在完整的多终端产品界面设计流程中，由于终端本身的硬件特性不尽相同，即使是通用型设计因子也会产生某种变化，然而这种变化通常是相对外显的（如尺寸、比例等），用户仍然可以通过色彩、图形等识别元素进行认知；对于可适应型设计因子而言，元素根据不同终端产生的变化相对较大，用户有可能无法直接从视觉外观上对其进行认知，而是需要通过任务操作完成对这一因子的完整识别过程；个性化设计因子完全基于特定终端而设立，用户在初次使用时存在一定的学习门槛，并且从一个终端迁移到另一个终端后会对包含个性化设计因子的部分界面产生一定程度的疑惑。因此，这里后面仅根据视觉认知和任务操作对界面设计因子进行提取和分类。

（2）界面设计因子提取

设计因子依附于产品功能要素，通过控件和样式进行表达，如图 7-40 所示。

设计因子可以是单个控件样式特征，也可以是由一系列控件或样式特征构成的整体。

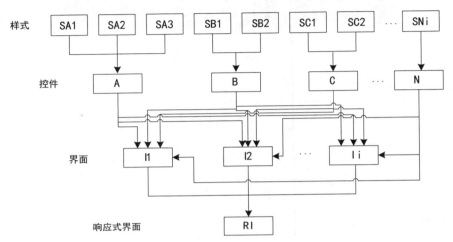

图 7-40
设计因子的构成

根据各因子的特性，我们通过实验的方式对不同产品进行调研，探索其共性，总结出控件及其样式在界面上及不同终端之间内在关联时的应用规律，在规律的基础上提取设计因子，并按照应用特征差异区分因子层次。

在进行界面设计因子提取与表达前，我们首先进行了一项分层分组实验，来获取典型实验样本。

◆ 层次分析法实验

i 样本

实验组邀请 10 名网页界面设计师根据界面布局形式、涵盖的控件样式以及多终端响应式界面的完善程度甄选出 40 项涵盖电子商务、科技媒体、公司企业、社会活动等对界面设计具有参考价值的响应式网页，其类型、样式、布局等标准尽可能多样化，旨在覆盖时下所有的网页界面类型。确定网站类型后，从谷歌（www.google.com），百度（www.baidu.com），知乎（www.zhihu.com）等网站查询并搜集了 40 个响应式网站（表 7-3），并截取了完整的首页界面视图。

类别	名称	网址
电子商务	Ebags	http://www.ebags.com/
	Dress responsively	http://dressresponsively.com/
	Nixon	http://www.nixon.com/
	Suit supply	http://cn.suitsupply.com/
	Skinny ties	http://skinnyties.com/
	United pixel workers	http://www.unitedpixelworkers.com/
	Tattly	http://tattly.com/
	Currys	http://www.currys.co.uk/
	Five simple steps	http://www.fivesimplesteps.com/
公司企业	Fizzle	http://fizzle.co/
	WWF	http://worldwildlife.org/
	DACS	http://www.dacs.org.uk/
	Einstein healthcare	http://www.einstein.edu/
	Starbucks	http://www.starbucks.com/
	Rainbow nursery	http://myrainbownursery.co.uk/
	Microsoft	http://www.microsoft.com/
	Nokia	http://www.nokia.com/
	HBC	http://www3.hbc.com/
	Garmin	http://www.garmin.com/
	Tilde	http://www.tilde.io/
	ZURB	http://zurb.com/
媒体	24 格	http://www.24movie.cn/
	Pingwest	http://www.pingwest.com/
	新浪时尚	http://fashion.sina.com.cn/
	The next web	http://thenextweb.com/

续表

类别	名称	网址
媒体	TIME	http://www.time.com/
	安卓中国	http://www.anzhuo.cn/
	Engadget	http://www.engadget.com/
	Smashing magazine	http://www.smashingmagazine.com/
	Abeleton	https://www.ableton.com/
工具	Squarespace	http://www.squarespace.com/
	24ways	http://24ways.org/
	CSS tricks	http://css-tricks.com/
学校	UC San Diego	http://www.ucsd.edu/
	Harvard University	http://www.harvard.edu/
	Lancaster University	http://www.lancaster.ac.uk/
主题活动	UX London	http://2014.uxlondon.com/
	Nordic Ruby	http://www.nordicruby.org/
产品	Salesforce	http://www.salesforce.com/
	Paint drop	http://thepaintdrop.com/

案例只针对包含元素较多的网站首页进行分析与研究。同时去除色彩这些干扰信息。搜集完毕后，将各网站界面的灰度图片分别打印在 A4 尺寸的白底卡片上，进行编号 ID: In，n=1，2，3，…40，作为实验素材。

ii 被试

邀请 10 名设计专业研究生作为被试参与实验，其设计背景有助于从界面的整体布局中识别具有影响的部件与元素。

实验进行同时采用口语报告的方法记录被试分层分组的理由。

iii 实验结果分析

——识别关键设计部件

实验完成后，基于语义学知识，对被试的原始描述数据进行提炼，从中整理出一系列网站首页可视部件与样式名称，然后将与同一部件关联的词句归为一类，概括为单个分层因素。统计各分层因素在 10 名被试中的提及频数与频率。结果如表 7-4。

网站首页界面分层因素和提及频率统计结果　表 7-4

名称	描述	提及频数	提及频率
标识	网站的标识，通常位于界面顶部，作为企业或者品牌的主要识别元素之一	8	80%
搜索工具	通常位于界面顶部和底部，用于搜索网站中的特定内容	6	60%
语言栏	网站存在多语言版本的前提下，用于切换语言类型	1	10%
登录工具	用户登录网站进行个人操作的入口	5	50%
导航栏	展示网站主要功能区块，并提供快速跳转	10	100%
横幅	以图片为主的大面积内容展示区域	10	100%
模态 Tab	以标签页的形式展示内容	2	20%
手风琴面板	点击某标题展开一项内容区块	4	40%
内容区块	包含文字、图片、视频等多媒体内容展示区域，是网站主题的具体体现	10	100%
广告区块	展示广告内容	7	70%
社交区块	网站在其他社交媒体上的页面链接	3	30%
页脚区块	通常位于界面底部，包含"关于我们""网站地图""隐私条款"等信息	5	50%
快速导航（链接）	提供与网站相关的其他内容链接，如"友情链接""合作客户"等	3	30%
版权	通常位于界面底部，说明网站版权信息	0	0%
界面布局	网站界面的宏观布局与整体分割	10	100%
界面密度	网站界面上的内容分布的疏密程度	7	70%

同时，根据统计结果，一些控件在实验中被提及多次，如横幅、导航、社交、搜索框、标志、广告、登录框等；同时也有一些控件提及频率较低，如相关链接、网站地图、

语言栏、下拉菜单、页脚等；或未被提及，如标签页、回到顶部按钮等，提及率较高的
控件是用户在使用网站时所重点关注的内容，也是此案例主要讨论的设计元素。

——获取典型样本

在分层分组实验中得到的数据转化为相似度数据，然后在 spss 中执行聚类分析，
将差异较小的界面进行合并，聚类分析得到树状图如图 7-41，在子节点间距为 9 时，
聚类数量为 6。此数量级既有效地对样本进行了分类，又能使各聚类保持一定的特征和
解释性，是较为理想的聚类数量。建立聚类后，采用 K 均值聚类计算出每一聚类中的典
型样本。

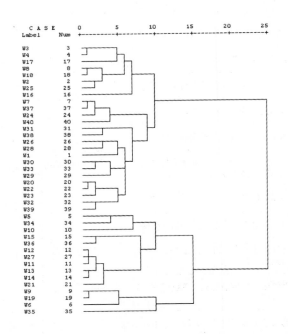

图 7-41
网站首页的聚类
分析结果

基于聚类结果，确定出最终的 6 项典型样本。为进行后续的实验研究，需对样本
进行尺寸归一处理。将网站界面的横向分辨率设置为 1280 像素，并以此为标准对所有
样本进行等比例缩放（不控制纵向长度），最终得到 6 项典型界面样本（表 7-5）。用新
ID: Cn（n=1,2,3…6）对 6 个样本进行编号，完成典型样本定义，这也是之后眼动实
验的初始样本。

编号	样本图例	编号	样本图例
C01	 http://www.3.hbc.com/	C02	 http://www.time.com/
C03	 http://www.nokia.com/	C04	 http://www.24movie.cn/
C05	 http://www.ucsd.edu/	C06	 http://www.fivesimplesteps.com/

◆ 基于眼动跟踪实验的界面研究

眼动跟踪实验（Eye Tracking）由通过视线追踪技术，监测用户在看特定目标时的眼睛运动和注视方向，并进行相关分析的过程。眼动行为在视觉认知过程中起着重要的作用 [24]，它主要由凝视（fixation）和眼跳（saccade）交替出现构成序列 [25]。凝视是指视线在界面上某一相对集中区域（视角 0.5°～ 1.3°）停留的一定时间（超过 100 ～ 200ms），通常将这类停顿视为获取信息进行认知处理的表现；眼跳是指眼睛在两个凝视点之间快速移动的过程。

当前的眼动实验应用较多的评价指标包括凝视时间与凝视次数、眼跳数目与幅度、扫描路径、外接凸多边形、空间密度、击中目标率等 [26]。本案例选择网站的响应式界面（桌面电脑、平板电脑和手机端的网页）作为研究对象，由于设备的不一致性有可能影响眼动设备视角分辨率与采样精度的准确性，以及移动设备使用环境的限制，故采用两种手段控制实验质量：

① 避免选取对尺寸精度、定位效率等要求较高的指标。根据文献 [27] 的评价指标设定，本文主要采用凝视数目（n，眼动仪在界面上记录的用户凝视点个数）、视觉捕获（E，最初 250ms 内捕获的凝视对象 [28]）、眼跳路径（P，眼动凝视的序列数据）及热图（H，基于所有被试的凝视数据生成的热区图，直观展示用户对界面的兴趣点）对实验数据进行记录；

② 使用响应式界面模拟器（http://responsivepx.com/）对平板电脑和智能手机的分辨率进行模拟，使得所有实验可以在桌面电脑显示器上完成，有效控制了不同设备的实验偏差。

此实验的主要目的有：①通过统计分析用户眼动轨迹、注视时长，从相对客观的角度获得网站界面上用户所关注的功能部件与界面元素；②结合口语报告、问卷调查、感性评价等研究方法，进一步获取用户对于界面的主观认知，以及对界面控件重要层次的主观感受。

ⅰ 样本

前面通过聚类分析得到的 6 个典型样本界面，并包括这些典型界面在平板电脑与智能手机终端上的模拟界面样式。因此，眼动追踪实验的样本数目为 6 组网页界面，每组 3 项，共 18 项。关于界面的分辨率设置，根据实际测量与比对并通过咨询界面设计专家，最终将每组界面的尺寸分别设置为 1280×960（桌面电脑），768×1024（平板电脑），320×480（智能手机）。

ii 眼动实验设备

此案例选择 Eyelink II 作为主要测试设备，用于记录被试在实验过程中的眼动数据。由于 Eyelink II 具有相对较高的分辨率（噪声 < 0.01°）和快速的数据传输速率（500 样本/秒），并且能够通过自身技术降低眼球迅速移动中的数据噪声，所以是较为理想的实验设备。

iii 被试

此次的研究对象为拥有多终端设备使用经验的消费者。基于该目标，我们通过各种渠道（网络、数码城、亲属、朋友、同学等），共邀请到 30 名被试参与本次眼动实验。30 名被试包括 18 名男性和 12 名女性，年龄从 25 岁至 42 岁不等，学历从高中至博士不等，职业多样化。这些被试的共同特征为拥有两件或两件以上数码产品终端。对各被试进行编号，记作 S_n，n=1，2，3，…30。

iv 眼动实验

眼动实验要求被试针对每一组典型界面完成预设任务，这些任务由研究员在实验之前根据网页内容和主题进行设计，设计目标是使任务操作尽可能涵盖到界面上的所有控件及元素。在眼动实验过程中，用户的眼球轨迹和操作步骤被电脑记录，并被要求期间用口语的形式说出操作的原因以及目的，研究员负责记录；

眼动跟踪实验任务　表 7-6

编号	任务描述	编号	任务描述
C01	1. 寻找网站简介（about us）入口 2. 前往 HBC 的一家商店（store）	C02	1. 进入娱乐（entertainment）版块 2. 前往 Google+ 主页 3. 订阅 TIME 杂志
C03	1. 切换网站语言/国家 2. 查看 Lumia1520 详情 3. 查看官方联系方式	C04	1. 选择感兴趣的一篇文章并查看 2. 查看新闻（news）
C05	1. 前往校长办公室（Chancellor） 2. 查看大学详情（about UCSD） 3. 寻找一位 Juarez Jose 的员工	C06	1. 查看公司博客（blog） 2. 购买图标本（icon handbook） 3. 发送一封邮件给官方

完成所有任务之后，被试被邀请填写一份事先设计好的问卷，问卷采用 Likert 量表的方式构建，让用户对一些界面中的控件元素的重要程度进行打分。

◆ 界面设计因子提取

我们首先通过纵向比较，对 6 个典型页面进行了分析，观察不同类型响应式网站在界面上的共同点和不同点，分析关键控件的样式变化，调研设计因子在响应式界面中的应用规律。我们发现，同一网站在不同终端中的系列响应式界面设计具有层次化的外形基因应用特征：一方面，不同终端的分辨率各不相同，导致界面空间与布局产生调整；另一方面，同一个网站的不同设备界面之间存在一些相似的控件样式设计，塑造出系列界面间的视觉关联感。

基于上述 6 个典型样本在设计因子应用中表现出的共性规律，并结合分层分组实验与眼动跟踪实验的结果，我们提取了网站界面中的通用型、可适应型和个性化设计因子。

i 通用型设计因子提取

在响应式网站界面设计中，存在一部分受分辨率约束较小，可在不同分辨率下的设备界面上进行通用的元素。这些元素、控件在应用时保持样式不变，或仅在尺寸上进行等比例缩放。

通过统计六项典型样本的热图可知，网站的标识是最受被试关注的区域之一，在接到任务后，被试会首先观察网站标识，一方面，这是由于界面的左上角是用户的首要关注位置[20]；另一方面，标识作为网站界面的主要识别因素理所当然地成为了被试的视觉焦点。根据专业网站设计师的口语报告内容，还发现网站的版权也是必须具备的界面元素，虽然用户基本无法注意到这项内容，但它与标识一样，必须存在于网站界面中（图7-42）。

● 标识

标识作为网站品牌重要的识别元素之一，在同一网站的不同界面中保持一致，图7-43 是 C01 在不同设备中的界面头部，可以发现，标识元素的位置和视觉尺寸基本不随着分辨率的变化而调整，因此它可以作为通用型设计因子。

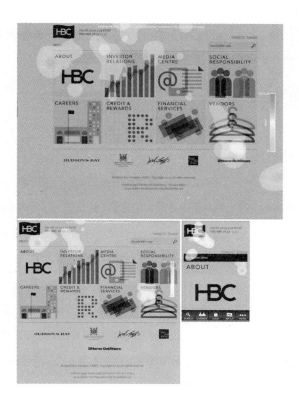

图 7-42
眼动跟踪实验热
图范例

图 7-43
同一网站在不同
分辨率下的界面
头部

● 版权

版权信息通常位于界面最底部，虽较少吸引用户注意力，但却是多数网站不可或

缺的元素。图 7-44 是 C02 的版权信息在不同设备上的布局样式，所有元素都被保留，

仅对字号与分段样式进行简单调整，可视为通用型设计因子。

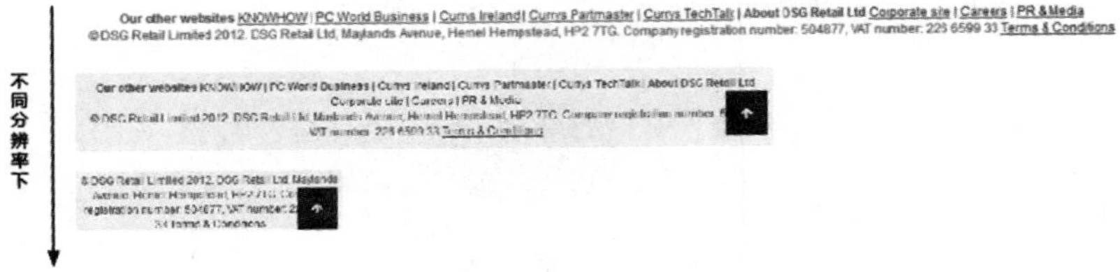

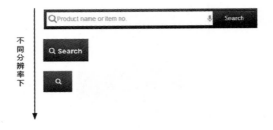

图 7-44
同一网站在不同
分辨率下的界面
底部

ii 可适应型设计因子提取

在响应式网站界面中，限制设计因子通用的主要原因是不同设备屏幕的尺寸与分辨率，以及不同设备的使用场景与用户习惯，在对相关控件进行设计时，需要根据设备、用户、情境等实际情况进行差异化的设计。另一方面，在同一网站的系列响应式界面中，由于要确保视觉识别与体验的一致性，这些设计因子可以进行通用型应用。根据实验结果，提取的可适应型设计因子如下：

● 搜索工具

搜索是网站的基本功能之一，图 7-45 是 C02 在不同设备界面上的搜索工具。由于横向分辨率缩小，搜索工具由完整样式调整至图标文字样式，最后到仅用图标进行示意。因此可视为可适应型设计因子。

图 7-45
同一网站在不同
分辨率下的搜索
工具

● 登录工具

登录工具通常出现在电商类网站的顶部，作为用户个人信息区域的入口。与搜索工具的区别在于，登录工具通常作为登录界面的入口，提供直接跳转的链接。因此，如图 7-46 所示，三种分辨率下的登录工具在视觉上并无大的差异，在智能手机设备上采用了与搜索工具相同的处理方法，用图标表示功能。因此，将登录工具视为可适应型设计因子。

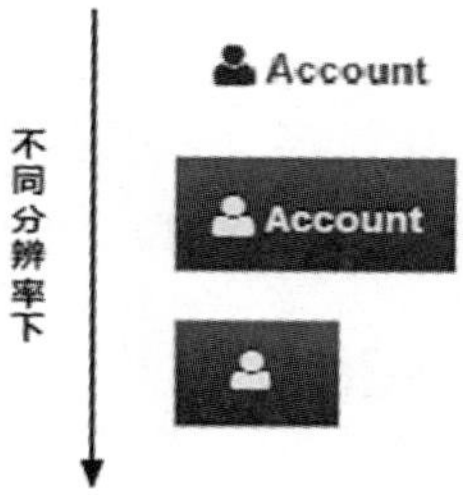

图 7-46
同一网站在不同
分辨率下的登录
工具

● 导航栏

导航栏根据横向分辨率进行样式上的调整（图 7-47），横向收缩、下拉菜单等方式都可以将导航针对不同设备尺寸进行适应性调整，因此，将它视为可适应型设计因子。

图 7-47
同一网站在不同
分辨率下的导航
栏

● 横幅

横幅通常以图片形式为主，是网站主要的视觉元素之一。横幅更需依据分辨率尺寸进行调整，保留重要的信息，舍弃次要内容（图 7-48）。因此视为可适应型因子。

图 7-48
同一网站在不同
分辨率下的横幅

● 内容区块

内容是网站的主要功能区域，包含文字、图片、视频等多媒体内容，响应式界面的内容排列布局能够灵活地适应设备屏幕尺寸（图 7-49），因此将其可视为可适应型设计因子。

图 7-49
同一网站在不同分辨率下的内容区块

● 信息区块

信息区块通常位于界面底部，紧靠版权栏排列，有些网站的信息区块还包含了版权栏（图 7-50）。在不同设备中，信息区块的内容根据屏幕分辨率进行调整，基本保证完整内容或者主要标题内容，因此视其为可适应型设计因子。

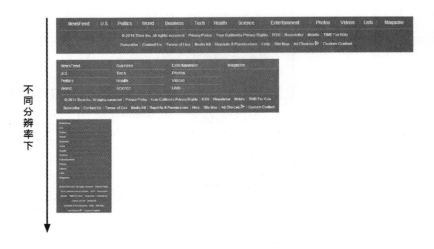

图 7-50
同一网站在不同分辨下的信息区块

● 快速导航

快速导航包括网站上站外来源的快速链接，通常以文本或图片的形式进行展示。这些导航元素基本上与内容区块的调整方式相同，根据优先级与重要性被安排到界面的固定位置。由于它的灵活性，将其视为可适应型设计因子。

● 界面布局

界面布局是指网站所有控件元素的排列组织形式。布局形式与网站性质、内容数量、分辨率等因素有关。通常情况下，界面布局在同一网站的系列界面之间不存在强制的关联，更多地是根据界面尺寸与内容优先级进行调整，故将其视为可适应型设计因子。

● 界面密度

界面密度与布局相似，是指界面上的内容在数量、区块间隔上的设计。同一种布局形式在不同分辨率下会存在密度上的差别，并且设计师还要根据设备的操作行为与用户习惯对密度做优化调整以实现好的体验。因此，界面密度在多终端设备的响应式界面设计中作为一种可适应型因子。

iii 个性化设计因子提取

个性化设计因子是指特定终端上专有的或与终端特性紧密结合的设计特征，不同终端之间应用完全不同的设计元素。在典型样本研究中，无法直接从静态界面获取丰富的设计元素（仅在 C01 的系列界面中发现了专为智能手机添加的标签栏控件），所以此案例决定将实验结果结合问卷调查与专家访谈的形式，从用户与网页设计师中获取个性化设计因子。

个性化设计因子在响应式系列界面的设计中，没有明显的继承性，而是根据设备属性、用户行为特征、操作习惯等自行设计。我们对 40 项初代样本进行了分析，并结合用户与网页设计师的访谈，获取了下列个性化设计因子。

● 语言栏

语言栏是拥有多国版本的网站用于切换显示语言的工具。在桌面电脑上，这个控件以按钮、下拉菜单等形式呈现；在平板电脑与智能手机等移动设备上，可以借助 GPS

定位系统确定用户所在位置，自动推荐语言设置，不需要由用户亲自进行操作。由于语言栏在不同设备上的变化较大，故视为个性化设计因子。

● 广告区块

广告是多数商业网站的重要经济来源，广告的位置决定了其价值大小。然而，传统桌面电脑屏幕上的广告放置策略并不适合移动端产品，因此广告作为一种不固定的设计元素，其表现形式丰富且需要根据设备与场景的实际情况进行调整，因此广告区块亦是一种个性化设计因子。

● 社交区块

社交区块在桌面电脑分辨率下以按钮阵列形式展现；在屏幕较小的移动设备上，社交区块通常被隐藏在"分享"按钮里，并根据操作系统的样式进行展示。因此它本身并不在系列界面上呈现设计关联，可视为个性化设计因子。

● 传感器功能控件

移动设备上布满了各种传感器用于收集情境信息（位置、亮度、距离、声音等），在网站设计中会根据相应传感器加入特殊功能（语音输入、根据地理位置搜索附近站点等），这些特殊功能会伴随着相应的控件元素出现在界面中。这些元素只在移动设备上出现，故视其做个性化设计因子，根据实际情况进行应用。

2. 多终端界面设计因子的表达

为了将抽象的设计因子转化为具象的可见形式。需要通过界面设计手段，用简洁的视觉元素对界面设计因子进行概括性的描述与表达。根据相关领域的现有研究，产品交互原型（线框图）通常用于界面设计的表达。因此，我们采用线框图的方式来进行设计因子的表达。

如上所述，在完成三类设计因子提取工作的基础上，我们基于分层分组实验与眼动跟踪实验结果，将界面设计因子在视觉重要性维度上进行分类（表 7-7），由于同一个网站在不同终端设备上的系列响应式界面会根据屏幕尺寸分辨率的限制，调整控件与布局，但为保证系列界面在视觉上的一致性，需要确定设计因子的重要程度，以备在设计过程中进行取舍。

设计因子维度表　表7-7

重要性 ／ 类型	高	中	低
通用型	标识		版权
可适应型	横幅 导航栏 内容区块 界面布局	搜索工具 登录工具 信息区块 界面密度	快速导航
个性化		语言栏 传感器功能控件	社交区块 广告区块

（1）通用型设计因子表达

通用型设计因子的表达相对简单（表7-8），均由官方提供，设计师只需要确定摆放位置与控件尺寸即可。由于通用型设计因子在所有终端的界面上形态一致，因此只能根据屏幕尺寸及分辨率的需求，对设计因子原型线框进行等比例缩放。通常情况下，标识的尺寸在三类分辨率下保持基本一致；版权的尺寸横向分辨率的变化而变化，并保持90%的屏幕宽度尺寸。

通用型设计因子表达　表7-8

名称	线框原型	尺寸（横向）		
		大 （780px以上）	中 （480~780px）	小 （320~480px）
标识	⊠LOGO	150px 及以上	150px 及以上	150px 及以上
版权	COPYRIGHT INFO	90% 宽度	90% 宽度	90% 宽度

（2）可适应型设计因子表达

可适应型设计因子相较通用型设计因子稍复杂，需要设计师根据界面易用性、视觉认知等方面的考虑，对控件进行调整。在可适应因子的设计过程中，设计师不但要遵循传统的界面设计原则，还要考虑控件在不同终端系列界面中的视觉统一性。与通用型设计因子的区别在于，可适应型设计因子不局限于等比例缩放，而是根据屏幕尺寸在横向或纵向的维度上进行扩充，以满足界面布局需求。因此，表 7-9 中的因子表达的是控件的默认形态，在实际应用中应根据具体情况，对设计因子的表达形态进行相应调整。其中，界面布局与界面密度不存在特定的因子表达形态，而是通过参数，控制其他控件的排列与疏密进行展示。

在设计因子的尺寸表达上，不同的可适应型因子拥有不同的表达形式。横幅、导航栏、信息区块、快速导航等因子根据屏幕分辨率的变化而相应变化；内容区块由界面布局决定；登录工具、搜索工具根据终端屏幕尺寸存在多种表现形式。

可适应型设计因子表达　表 7-9

控件	线框原型	尺寸（横向）		
		大 （780px 以上）	中 （480～780px）	小 （320～480px）
横幅	BANNER	85% 宽度	85% 宽度	85% 宽度
导航栏	NAV	90% 宽度	90% 宽度	90% 宽度
内容区块		2~3栏 根据设计定义	2栏 根据设计定义	1栏 90% 宽度
界面布局				
搜索工具		15%~20% 宽度	15%~20% 宽度	图标 24px
登录工具	LOGIN	10% 宽度	10% 宽度	图标 24px
信息区块		85% 宽度	85% 宽度	85% 宽度
界面密度				
快速导航	LINK	85% 宽度	85% 宽度	85% 宽度

（3）个性化设计因子表达

个性化设计因子是最为复杂的界面元素，通常根据设备属性做出相应改变，不存在固定样式；另一方面，个性化设计因子是设计师发挥余地较大的几块内容，并对可用性要求较高，通常在用户研究与产品分析的基础上做出最优的设计方案。在界面的设计因子表达上，个性化设计因子没有固定的通用样式，通常直接特殊样式出现。表 7-10 对个性化设计因子进行列举。其中，传感器控件由于形式丰富，因此设计因子并不以固定形态出现，而是根据实际情况输出特定因子表达。

个性化因子尺寸的主观能动性更强，设计师可以凭借主观审美，对因子进行定义，结合美学、易用性、可识别性等多方面的因素，最终确定因子尺寸及样式。

个性化设计因子表达 表 7-10

控件	线框原型	尺寸（横向）		
		大 （780px以上）	中 （480～780px）	小 （320～480px）
语言栏	LANGUAGES	10% 宽度以下	10% 宽度以下	图标 24px
广告区块	ADVERTISEMENT	根据设计定义	根据设计定义	根据设计定义
社交区块	SOCIAL NETWORKS	1栏宽度 根据设计定义	1栏宽度 根据设计定义	90% 宽度
传感器控件				

3. 设计因子库构建与完整界面设计表达

在进行多终端产品界面设计时，首先需要构建一个因子库。设计因子库（Design Factor Library）指同一产品中全部界面包含的全部控件与样式的集合，在典型界面范例样本的基础上执行设计因子提取与表达操作后构建而成。

由于设计因子分为通用型因子、可适应型因子和个性化因子三个层次，三者的表达形式和后续应用均不同，因此分别储存于独立的因子库中。设计因子库的内容、调用方式和因子去向如图 7-51 所示。

```
┌─────────────────────────────────────────────┐
│                  设计因子库                    │
├──────────────┬──────────────┬───────────────┤
│  通用型设计因子  │  可适应型设计因子  │  个性化设计因子   │
├──────────────┼──────────────┼───────────────┤
│     标识      │     导航栏     │    语音输入     │
│     图标      │     搜索框     │    手势控制     │
│     文字      │     横幅      │    手机密码     │
│     内容      │     文本框     │     ……       │
│   版权信息     │     ……       │               │
│     ……       │              │               │
└──────┬───────┴──────┬───────┴──────┬────────┘
       │调用           │调用           │调用
       ▼              ▼              ▼
┌─────────────────────────────────────────────┐
│                  部件编码                      │
└─────────────────────┬───────────────────────┘
                      │组合
                      ▼
┌─────────────────────────────────────────────┐
│                  响应式界面                     │
└─────────────────────────────────────────────┘
```

图 7-51
设计因子库

我们通过前面的实验和分析，最终获得设计因子库，根据基因的应用层次进行调用和设计。在进行完整的界面表达时，首先通过将通用型设计因子放置规定尺寸的界面框架中；然后按照需求添加可适应型设计因子，并根据设备分辨率进行调整；最后选择合适的个性化设计因子形成较为完整的界面线框原型图。以典型样本 C01 为例，其界面可表达为图 7-52。

图 7-52
完整界面表达示例

这里得到的仅仅是产品界面原型框架，还需要设计师根据品牌基因、产品风格定位、视觉设计需求等，同时结合自身经验及对美感的把握，对界面中设计因子进行视觉要素

（如色彩、字体、字号、尺寸等）的添加和丰富（如图 7-53 中，图 a、b 分别是对标题栏和图标的设计），才能最终输出成熟的高保真原型（如图 7-53 中图 c），创造视觉上具有良好体验的产品界面设计方案。

图 7-53
最终成熟方案生成

本章注释：

❶ Weidenbeck S. The use of icons and labels in an end user application program: an empirical study of learning and retention [J]. Behavior & Information Technology, 1999, 18 (2): 68 - 82.

❷ Kenneth Lodding. Iconic interfacing [J]. IEEE Computer Graphics and Applications, 1983: 3 (2), 11 - 20.

❸ Charles J. Kacmar, Jane M. Carey. Assessing the usability of icons in user interface [J]. Behavior and Information Technology, 1991, 10(6): 443 - 457.

❹ Tomas Lindberg, RistoNäsänen. The effect of icon spacing and size on the speed of icon processing in the human visual system [J]. Displays, 2003, 24(3): 111–120.

❺ Kuo-Chen Huang. Effects of computer icons and figure/background area ratios and color combinations on visual search performance on an LCD monitor [J], Displays, 2008, 29(3): 237–242.

❻ Luo Shijian, Zhou Yuxiao. Effects of smartphone icon background shapes and figure/background area ratios on visual search performance and user preferences[J]. Frontiers of Computer Science, 2015, 9(5):751-764.

❼ Maria Lorna A. Kunnath, Richard A. Cornell, Marcella K. Kysilka, Lea Witta. An experimental research study on the effect of pictorial icons on a user-learner's performance [J]. Computers in Human Behavior, 2007, 23(3): 1454–1480.

❽ Stefano Passini, FilibertoStrazzari, AnnamariaBorghi. Icon-function relationship in toolbar icons [J]. Displays, 2008, 29(5): 521–525.

❾ Y. Batu Salman, Hong-In Cheng, Patrick E. Patterson. Icon and user interface design for emergency medical information systems: A case study [J]. International journal of medical informatics, 2012, 81(1): 29-35.

❿ D. Paul T. Piamonte, John D.A. Abeysekeraa, KjellOhlssonb. Understanding small graphical symbols: a cross-cultural study [J]. International Journal of Industrial Ergonomics, 2001, 27(6): 399-404.

⓫ 徐恒醇. 设计符号学 [M]. 北京: 清华大学出版社, 2008.

⓬ S. K. Chang, Polese G. A Methodology and Interactive Environment for Iconic Language Design [J]. International Journal of Human-Computer Studies, 1994, 41(5): 683-716.

⓭ 张涛, 游雄, 徐云. 地图可视化系统中交互功能的图标设计 [J]. 测绘科学技术学报, 2007, 24（1）: 54-60.

⓮ Armando B. Barreto, Julie A. Jacko, Peterjohn Hugh. Impact of spatial auditory feedback on the efficiency of iconic human‐computer interfaces under conditions of visual impairment [J]. Computers in Human Behavior, 2007, 23(3): 1211-1231.

⓯ AgnarAamodt, Enric Plaza, Case-based reasoning: foundational issues, methodological variations, and system approaches [J]. Artificial Intelligence Communications, 1994, 7(1): 39-59.

⓰ Ethan Marcotte, Responsive web design [J], 2010. http://www.alistapart.com/articles/responsive-web-design.

⓱ W. B. Croft, The role of context and adaptation in user interfaces [J]. Int. J. Man Maehine Studies, 1984, 21:283-292.

⓲ R. Oppermann, Adaptively supported adaptability [J]. IntenationalJoumal of Human-computer Studies, 1994, 40: 455-470.

⓳ 关志伟. 面向用户意图的智能人机交互 [D]. 中科院软件所博士学位论文, 2000.

⓴ H. Dietrich, U. Malinowski, M. Schneider-Hufschmid, State of the art in adaptive user interfaces, 2009.www.cc.gatech.edu/computing/classes/cs8113d_94_fall/ps-files/Siemens.ps.Z

㉑ 程时伟. 基于上下文感知的移动设备自适应用户界面设计研究 [D]. 浙江大学, 2009.

㉒ R. Grirnm, ADBS: A Tool for Designing and Implementing the Man-Proeess Interface for Different Users [C]. In: Proeeedings of the 2nd IF AC/IFIP/IFORS/IEA Conferenee, 1986: 287-291.

㉓ 程时伟. 基于上下文感知的移动设备自适应用户界面设计研究 [D]. 浙江大学, 2009.

㉔ 胡凤培, 韩建立, 葛列众. 眼部跟踪和可用性测试研究综述 [J], 人类工效学, 2005, 11 (2): 52- 54.

㉕ 张光强, 沈模卫, 陶嵘, 可用性测试中的视线跟踪技术 [J], 人类工效学, 2001, 7 (4): 9-13.

㉖ K. Lukander, Mobile usability-measuring gaze point on handheld devices [D]. Helsinki: Helsinki University of Technology, 2003.

㉗ 程时伟, 手机用户界面可用性评估的眼动模型 [A]. 第四届和谐人机环境联合学术会议 [C], 北京: 清华大学出版社, 2008. 380-385.

㉘ E. Tzanidou, M. Petre, S. Minocha, A. Grayson, Combining eye-tracking and conventional techniques indications of user adaptability [A]. in: Proceedings of INTERACT 2005, LNCS 3585 [C]. Berlin: Springer-Verlag, 2005: 753-766.

㉙ Jeremy M. Wolfe, Guided Search 2.0 A revised model of visual search [J], Psychonomic Bulletin & Review, 1994, 1 (2): 202-238.

后　记

2009 年 1 月 1 日元旦晚，天灰蒙蒙的，窗外堆积着厚厚的雪。这是芬兰赫尔辛基漫长冬天中有点不寻常的一天。闲来无事，无意中找到了湖南大学设计艺术学院导师赵江洪先生发表在《装饰》杂志上的一篇文章，题目是《设计和设计方法研究四十年》。读后颇有感触，也萌生了写一本关于设计研究方面的书的想法，将自己多年做的研究做一个小结，也希望给做设计研究的同行一些启示。

回想起这些年做设计研究的心路历程，颇有感想。做研究是一件清苦的事情，需要有足够的勇气、执着和坚持，要耐得住寂寞。2004 年，经过 2 次申报之后，第一次获得了浙江省自然科学基金项目"基于内隐性知识的产品概念设计方法与技术研究"的资助，从此走上了设计研究的道路。也正是有了这一个项目的积淀，使得我 2005 年获得了国家自然科学基金项目"产品外形设计中的用户隐性知识表示结构与建模方法研究"（2006-2008），以及 2006 年获得国家高技术研究发展计划（863 计划）项目"基于产品族 DNA 学习与推理的造型设计快速生成技术研究"（2007-2008）的支持，也坚定了我继续从事设计研究的信心和决心。

随着研究的深入，越发发现设计研究的深不可测。了解得越多，越发现自己无知，也发现自己跟一些大师之间的差距。

另外，设计并不能仅有"研究"，还需要有大量的设计实践来支撑研究。事实上，我们一直没有离开过设计实践。借着自己建立的研发、设计团队，陆续为很多企业从事过产品设计、用户体验研究与设计、企业形象设计。采取多学科交叉与融合的方法，与企业建立了研发中心，通过产学研合作，开发新的产品；同时，也带领学生参加国际著名的 RedDot（红点）、IF 设计竞赛并获奖。

"设计 + 研究"并重的确富有挑战，也很有趣。设计研究和设计实践都没有放弃，只是比较辛苦。

后　记

写一本书很难，尤其是在设计研究方面，真不知道从何处入手。学设计的人在数学、计算机等方面有先天的不足，也导致了很多研究没法从很"深"的层面往下挖掘。

感谢团队傅业焘博士、周煜啸博士、张宇飞、董烨楠、胡一等人多年的辛苦努力与付出，也向所有被引用图片和资料的作者致谢。

感谢中国建筑工业出版社焦斐编辑的辛勤劳动，才使得本书能够与大家见面。

书中有些图片引自网络及百度，未能逐一列举出处，在此表示衷心的感谢与深深的歉意！

本书的确还有很多缺点，只是起到抛砖引玉的作用。不足之处，真诚希望专家学者批评指正。

2016 年 5 月于求是园